Erich Preuß, Eschede, 10 Uhr 59

Die Helfer am Unglücksort versuchen, aus den Trümmern des ICE 884 „Wilhelm Conrad Röntgen" Überlebende zu bergen. Das schwerste Eisenbahnunglück der deutschen Nachkriegszeit forderte 101 Todesopfer

Erich Preuß

Eschede, 10 Uhr 59

Die Geschichte einer Eisenbahn-Katastrophe

GeraMond

CIP-Einheitsaufnahme
Eschede, 10 Uhr 59:
Die Geschichte einer Eisenbahn-Katastrophe /
Erich Preuß. – 1. Auflage
München: GeraMond Verlag, 1998
ISBN 3-932785-21-5
NE: Preuß, Erich

ISBN 3-932785-21-5

1. Auflage 1998

Redaktion und Lektorat: Clemens Hahn
Layout: Klaus-J. Vetter
Druck: Graphische Betriebe Eberl GmbH, Immenstadt i. Allgäu
Printed in Germany

Eschede – gelebte Mitmenschlichkeit und spontane Solidarität

Aus der Ansprache von Bundespräsident Roman Herzog an die Bürger Eschedes am 21. Juni 1998

Eschede ist als Ort eines furchtbaren Unglücksfalles weltweit bekannt geworden. Aber sein Name steht nicht nur für Schrecken und Tod; er trägt keinen Makel. Vielmehr steht er für gelebte Mitmenschlichkeit und spontane Solidarität.
In den Stunden und Tagen nach dem Unglücksfall sind viele Menschen aus diesem Ort und aus der ganzen Region über sich hinausgewachsen. Hier hat jeder nach seinen Kräften und seinen Möglichkeiten angepackt. Hunderte waren unmittelbar als Helfer im Einsatz – bei der Polizei, bei den Feuerwehren, beim Technischen Hilfswerk oder den Sanitätern. Viele haben auch dadurch geholfen, daß sie ihrerseits den Helfern beistanden. Neben der tatkräftigen praktischen Unterstützung war es vor allem der seelische Beistand, das Trösten angesichts der furchtbaren Erlebnisse und Bilder, die sich den Helfern einprägten. Manchmal war einfaches Da-Sein schon das Wichtigste, was man tun konnte. Keiner dieser Helfer wird diese Tage des Einsatzes jemals in seinem Leben vergessen können. Und viele werden noch lange unter dem Erlebten leiden und weiteren Beistand brauchen.
Das Zusammenstehen nach dem Unglück hat gezeigt, daß Mitmenschlichkeit in Deutschland keine verlorene Tugend ist. Daß Bürgerinnen und Bürger mit großer Selbstverständlichkeit alles tun, was sie für andere tun können, wenn diese Hilfe nötig ist. Ich möchte Ihnen sagen, daß mich dieses Erlebnis der Solidarität gerade nach den dunklen Stunden der Katastrophe hoffnungsvoll stimmt. Es ist nicht wahr, daß unser Land nur aus Egoisten besteht. Eschede ist der Beweis des Gegenteils.
Eschede ist dadurch zum Vorbild für unser ganzes Land geworden.

Inhalt

1. Die Katastrophe 11

3. Juni: Das Unglück 11
4. Juni: Der Schock danach 26
5. Juni: ICE-Ersatzverkehr 27
6. Juni: Rückrufaktion für den ICE 31
8. Juni: Sorge um die Opfer 33
9. Juni: Maulkorb für die Eisenbahner 35
13. Juni: Die dritte Rückrufaktion 36
17. Juni: Bericht in Bonn 37
18. – 21. Juni: Das Land in Trauer 38
Zurück zum Alltag 40

2. Das Ende der Unschuld 42

Fortschrittssymbol ICE 42
Trügerische Unfall-Statistik 46
Gefährlicher ICE, sicherer TGV 48

3. Pleiten, Pech und Pannen 55

Schein und Sein der neuen Bahn 55
Unfälle und Beinahe-Katastrophen 58
„Ereignisse" auch beim ICE 63

4. Vorhersehbar? Vermeidbar? 67

Gewohnte Rituale: Nichts wissen, nichts sagen… 67
Das Eisenbahnrad 70
Merkwürdiges rund um das ICE-Rad 76
Spekulationen, Gerüchte, Legenden 82

5. Live aus Eschede 91

Der Unfall und die Medien 91

6. Was folgt? 100

Erste Maßnahmen nach dem Unfall 101

Das Sicherheitskonzept für den Hochgeschwindigkeitsverkehr 103

Anhang

Bericht des Eisenbahn-Bundesamtes vor dem Verkehrsausschuß des Deutschen Bundestages am 17. Juni 1998 in Bonn 112

Offener Brief des Vorstandsvorsitzenden der Deutschen Bahn AG, Johannes Ludewig, an die Eisenbahner vom 5. Juni 1998 114

Offener Brief des Vorstandes der Deutschen Bahn AG an die Eisenbahner vom 8. Juni 1998 115

Rede von Bundespräsident Roman Herzog anläßlich der Trauerfeier für die Opfer von Eschede am 21. Juni 1998 in der Stadtkirche zu Celle 116

Die Fahrzeuge des Typs ICE 1 und ICE 2 118

Personenregister 125

Ortsregister – weitere im Buch erwähnte Eisenbahnunfälle 126

Quellennachweis 127

Bildnachweis 127

1. Die Katastrophe

Am Mittwoch, dem 3. Juni 1998, setzt sich um 10.33 Uhr in Hannover Hbf der Intercity-Expreß 884 „Wilhelm Conrad Röntgen" in Bewegung. Sein Ziel ist Hamburg-Altona. Um 11.41 Uhr soll er das nächste Mal halten, in Hamburg-Harburg. Aber dazu wird es nicht kommen.

Der aus 14 Teilen bestehende Zug setzt sich aus dem vorderen Triebkopf, acht Reisezugwagen 2. Klasse, dem Speisewagen und drei Reisezugwagen 1. Klasse zusammen.

Der Zug war an diesem Tage von München bis Würzburg zum größten Teil über sogenannte Ausbaustrecken gefahren. Das sind solche, deren Oberbau (also Gleisbettung und Gleisrost), Sicherungstechnik (bei Geschwindigkeiten von mehr als 160 km/h ist die Linienförmige Zugbeeinflussung vorgeschrieben) und Fahrleitung Geschwindigkeiten bis zu 200 km/h zulassen.

Von Würzburg Hbf bis Hannover Hbf wurde der Zug planmäßig über die 1991 eröffnete Hochgeschwindigkeitsstrecke geleitet, die mit Geschwindigkeiten bis zu 250 km/h, bei Zugverspätungen bis zu 280 km/h, befahren werden darf. Das ist eine jener Strecken, für die der Hochgeschwindigkeitszug, der Intercity-Expreß, eigentlich entwickelt wurde.

Von Hannover Hbf bis Hamburg-Harburg besteht wieder eine Ausbaustrecke, zu der die erst 1938 eröffnete sogenannte Hasenbahn gehört, der Abschnitt Langenhagen – Celle. Auf dieser, seinerzeit für den öffentlichen Verkehr noch nicht freigegebenen Strecke erreichte Franz Kruckenberg mit seinem Schienenzeppelin im Mai 1929 eine Geschwindigkeit von 175 km/h, ein damals unerhörter Rekord.

Daß auf einer Strecke wie der zwischen Hannover Hbf und Hamburg-Harburg Geschwindigkeiten bis zu 200 km/h gefahren werden dürfen, ist überhaupt nichts Besonderes. Sie ist keineswegs eine „gewöhnliche" und „für den ICE ungeeignete Strecke", wie später in den Zeitungen behauptet werden wird, sondern ebenfalls eine sogenannte Ausbaustrecke. Um im Wettbewerb mit dem Kraft-

„Ich bin zutiefst bestürzt. In diesen schweren Stunden gilt mein ganzes Mitgefühl den Angehörigen der Toten sowie den Verletzten."
Bundesverkehrsminister
Matthias Wissmann

Zugbildung des ICE 884 „Wilhelm Conrad Röntgen"

Fahrzeugnr.	Wagennr.	Gattung, Wagenklasse
401 051		vorderer Triebkopf
802 808	Wagen 1	Bvmz, 2. Klasse
802 609	Wagen 2	Bvmz, 2. Klasse
802 311	Wagen 3	Bvmz, 2. Klasse
802 374	Wagen 4	Bvmz, 2. Klasse
802 340	Wagen 5	Bvmz, 2. Klasse
802 373	Wagen 6	Bvmz, 2. Klasse
802 037	Wagen 7	Bvmz, 2. Klasse
803 008	Wagen 9	Bsmz, 2. Klasse mit Sonderabteilen
804 010	Wagen 10	Wrmz, Speisewagen
801 009	Wagen 11	Avmz, 1. Klasse
801 014	Wagen 12	Avmz, 1. Klasse
801 806	Wagen 14	Avmz, 1. Klasse
401 551		hinterer Triebkopf

Wie generell beim ICE fehlte der Wagen 13, und es fehlte der Wagen 8. Eine solche Zugbildung ist üblich.

ICE 884 „Wilhelm Conrad Röntgen" befuhr, ehe er auf die Ausbaustrecke Hannover – Hamburg überging, die Neubaustrecke Würzburg – Hannover

wagen ebenbürtig, wenn nicht sogar überlegen zu sein, mußte die Deutsche Bundesbahn die Reisegeschwindigkeiten ihrer Züge erhöhen, und so begann sie im Jahre 1970 mit dem Ausbauprogramm ihres Netzes, das auch in den regelmäßig fortgeschriebenen Bundesverkehrswegeplänen enthalten war. Seinerzeit waren neben den Neubaustrecken Hannover – Würzburg und Stuttgart – Mannheim neun Ausbaustrecken von 1348 km Länge für Höchstgeschwindigkeiten bis zu 200 km/h vorgesehen.

3. Juni: Das Unglück

Wenden wir uns aber wieder dem Unglückszug zu. In den Wagen sitzen oder stehen nicht nur Geschäftsreisende, sondern infolge der in Bayern begonnenen Pfingstferien reisen auch viele Fahrgäste in den Urlaub nach Hamburg und an die Nordsee. Keiner von ihnen ahnt das bevorstehende Drama, das die Hochtechnologie-Gläubigkeit weit über Deutschlands Grenzen hinaus erschüttern wird. Der kleine niedersächsische Bahnhof Eschede, 17,6 Bahn-Kilometer

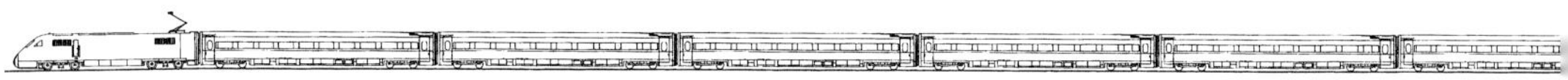

Triebkopf	Wagen 1	Wagen 2	Wagen 3	Wagen 4	Wagen 5	Wagen 6
Länge: 20,5 m	Länge: 26,4 m	Länge: 26,4 m	Länge: 26,4 m	Länge: 26,4 m	Länge: 26,4 m	Länge: 26,4
Masse: 77, 5 t	66 Sitzplätze	66 Sitzplätze	66 Sitzplätze	66 Sitzplätze	66 Sitzplätze	66 Sitzplätz
	2. Klasse	2. Klasse	2. Klasse	2. Klasse	2. Klasse	2. Klasse

Der Unglückszug: etwa 850 Tonnen schwer und 358 Meter lang. Die Stundenleistung der Triebköpfe beträgt zusammen 9600 kW, seine Höchstgeschwindigkeit liegt bei 280 km/h

nördlich von Celle gelegen, wird kurze Zeit nach der ICE-Abfahrt in Hannover in die Schlagzeilen geraten. Denn dort ereignet sich der größte Eisenbahnunfall der deutschen Nachkriegszeit.

Fachleute rekonstruieren später an Hand der Spuren (eine 4 cm tiefe Kerbe in einer Betonschwelle und Teile eines stählernen Reifens am Kilometer 55,1, am Kilometer 55,2 der zerstörte Leiter der Linienzugbeeinflussung, das beschädigte Rad des ersten Mittelwagens, Beschädigungen in der Spurführung der Weiche 2 des Bahnhofs Eschede), was sich kurz vor Eschede ereignet hat. Nach den Erkenntnissen der 44köpfigen Untersuchungskommission soll die Katastrophe wie folgt verlaufen sein (die Angaben zu den betroffenen Fahrzeugen in Zeitungsveröffentlichungen unmittelbar nach dem Unfall irritieren, weil bei den Informationen zu den entgleisten Fahrzeugen teilweise die Triebköpfe nicht mitgezählt wurden oder die nicht durchgehend belegten Wagennummern unberücksichtigt blieben):

Etwa 10.56 Uhr, vor Kilometer 55, reißt am hinteren Drehgestell des ersten Mittelwagens bei einer Geschwindigkeit von 200 km/h ein Radreifen. Etwa eine Minute danach löst sich der Radreifen vom Radkern und schleudert auf der Radsatzwelle hin und her, zerschlägt dabei auch eine Kabelschleife der Linienzugbeeinflussung mitten im Gleis. Immer wieder schlägt der Radreifen gegen die Schwellen und den Wagenboden.

Um 10.59 Uhr, der Zug ist in Höhe des Ortsanfangs von Eschede angelangt, schlägt der Radreifen auf die abliegende Zunge der stumpfbefahrenen, also vom Herzstück aus befahrenen Spitzenweiche (als Weiche 2 bezeichnet). Die Zunge verformt sich, der Radreifen schlägt auf den gegenüber dem Herzstück angeordneten Radlenker, der über eine Länge von 8 Metern abgesprengt und in das Wageninnere gestoßen wird.

Durch die Wucht des Aufpralls wird der schadhafte Radsatz nach rechts abgelenkt. Die Radscheibe des rechten Rades gleitet von der Schiene ab, das entgleiste linke Rad trifft nach 120 Metern auf die abliegende Zunge der Weiche 3, die „gegen die Spitze" befahren wird, und drückt die Zunge gegen die Backenschiene. Die Weiche kommt dadurch in die sogenannte Rechtslage. Der Fahrweg wird also in das abzweigende Gleis gestellt. Die Weiche dürfte in dieser Stellung nur mit 60 km/h befahren werden, aber der Zug fährt mit 198 km/h, so daß jetzt auch die dem ersten Wagen folgenden entgleisen.

Die Verbindung zwischen dem Triebkopf 401 051 und dem restli-

gen 7	Wagen 9	Wagen 10	Wagen 11	Wagen 12	Wagen 14	Triebkopf
ge: 26,4 m	Länge: 26,4 m	Länge: 26,4 m	Länge: 26,4 m	Länge: 26,4 m	Länge: 26,4 m	Länge: 20,5 m
itzplätze	39 Sitzplätze	Speisewagen	48 Sitzplätze	48 Sitzplätze	48 Sitzplätze	Masse: 77, 5 t
asse	2. Klasse		1. Klasse	1. Klasse	1. Klasse	

chen Zug reißt. Es kommt zum Abfall des Drucks in der Hauptluftleitung, woraufhin die selbsttätig wirkenden Druckluftbremsen sofort ansprechen. Routiniert bedient der Lokomotivführer gleichzeitig das Führerbremsventil für die Schnellbremsung. Der Triebkopf kommt 2000 m hinter der Bahnhofsmitte von Eschede, am Kilometer 62, zum Stehen, ohne daß er entgleist.

Der sich unter der Brücke querstellende Wagen 3 reißt mit seinem hinteren Ende die Pfeiler der Brücke weg und wird schwer beschädigt. Betonteile der Brücke fallen auf den hinteren Teil des Wagens 5, worauf der Wagen 4 hochgedrückt wird und sich von den Wagen 3 und 5 reißt. Er bricht nach rechts aus und bleibt unter Bäumen quer zur Fahrtrichtung stehen. Der Wagen 5 wird auseinandergerissen. Eine Hälfte kommt etwa 100 Meter hinter der Brücke zum Stehen, die andere Hälfte stellt sich quer vor die Brücke und wird von den Betontrümmern der Brücke zugeschüttet. Ebenfalls unter Trümmern begraben werden die beiden Eisenbahner, die zum Unfallzeitpunkt in der Nähe der Brücke an einem Kabelschrank gearbeitet hatten. Wagen 6 stellt sich quer vor die Brücke. Hinter diesen Trümmern schieben sich die Wagen 7, 9, 10, 11, 12, 14 und der hintere Triebkopf einer Harmonika gleich zusammen, zum Teil über die Brückentrümmer hinweg.

Das Geschehen und die Bilder sind unfaßbar, unbeschreiblich. Der Lokomotivführer schaut aus dem Führerraum nach dem Zug. Er kann es nicht fassen, was er sieht und sinkt auf seinem Stuhl zusammen. Erst nach zwei Stunden ist er in der Lage, vom Triebkopf abzusteigen.

Im Dorf hatte man neben dem üblichen Zuggeräusch ein merkwürdiges Beben und Krachen gehört, sah eine Staubwolke. Dann zog Stille ein. Die Anwohner ahnen sofort,

Fahrkantenbild der ersten vom Unglückszug befahrenen Weiche (Weiche 2)

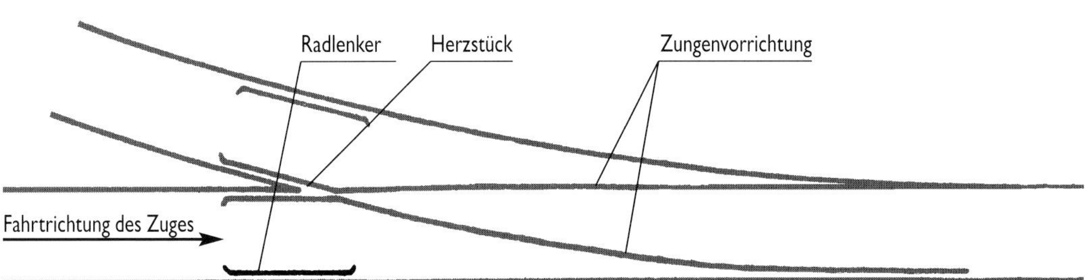

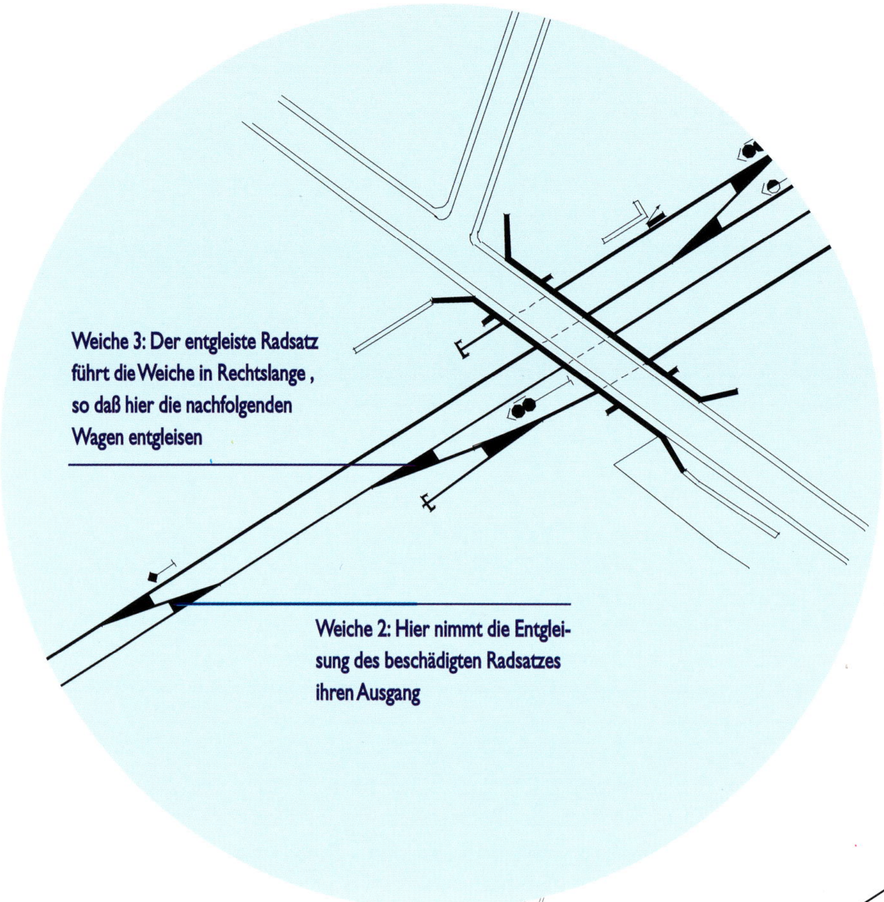

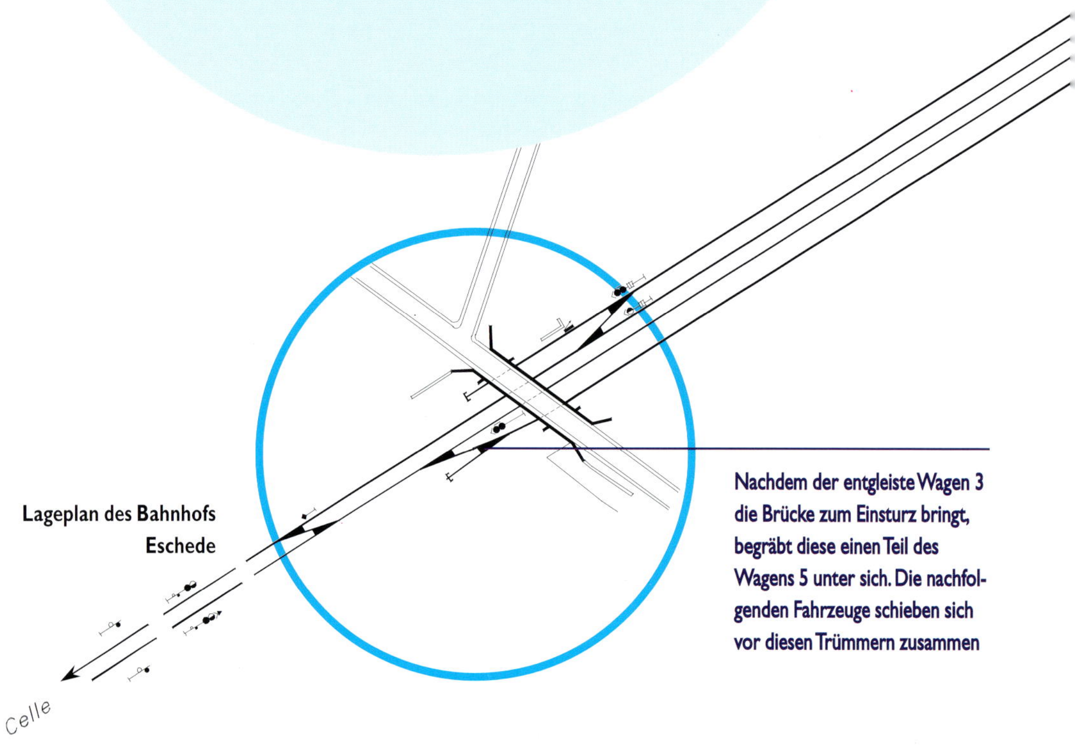

Lageplan des Bahnhofs Eschede

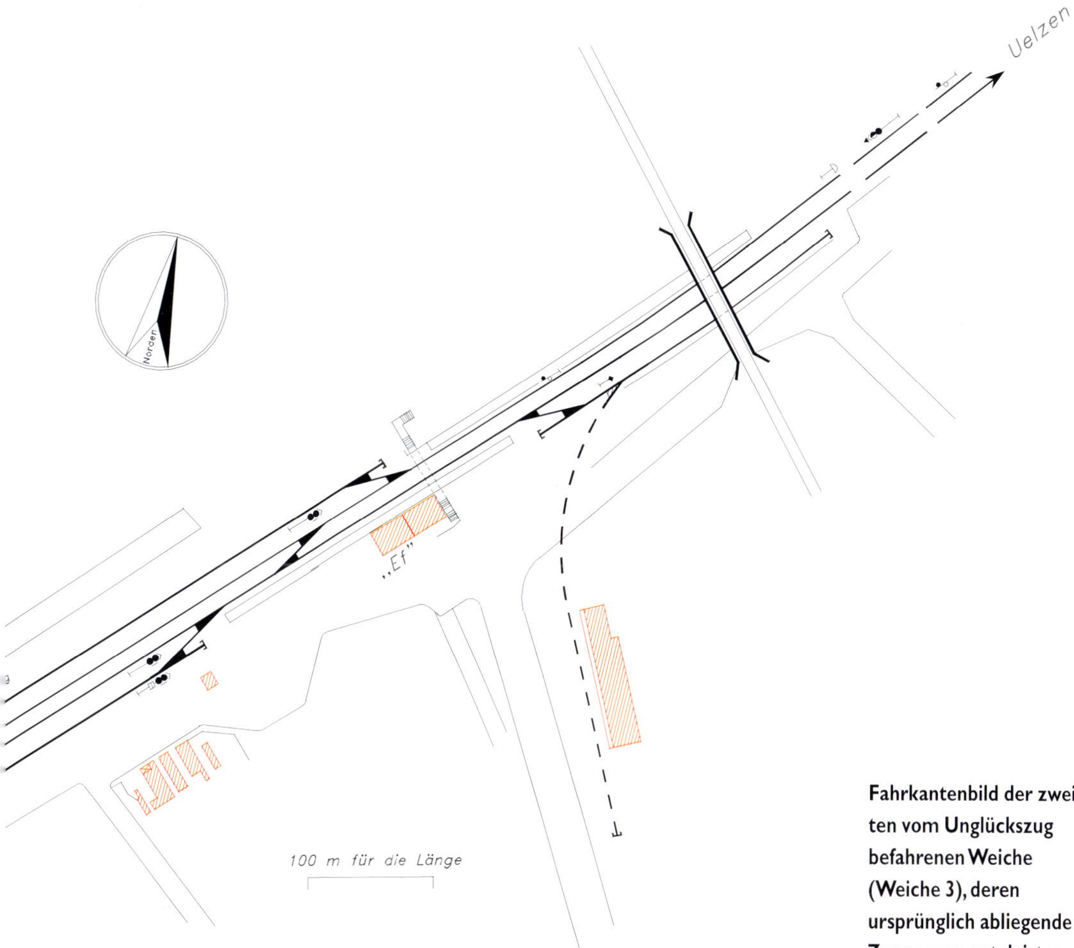

Fahrkantenbild der zweiten vom Unglückszug befahrenen Weiche (Weiche 3), deren ursprünglich abliegende Zunge vom entgleisten linken Rad gegen die Backenschiene gedrückt wird. Die ursprünglich anliegende rechte Zunge wird durch die Zungenverbindung nachgeführt – die Weiche kommt dadurch in die Rechtslage

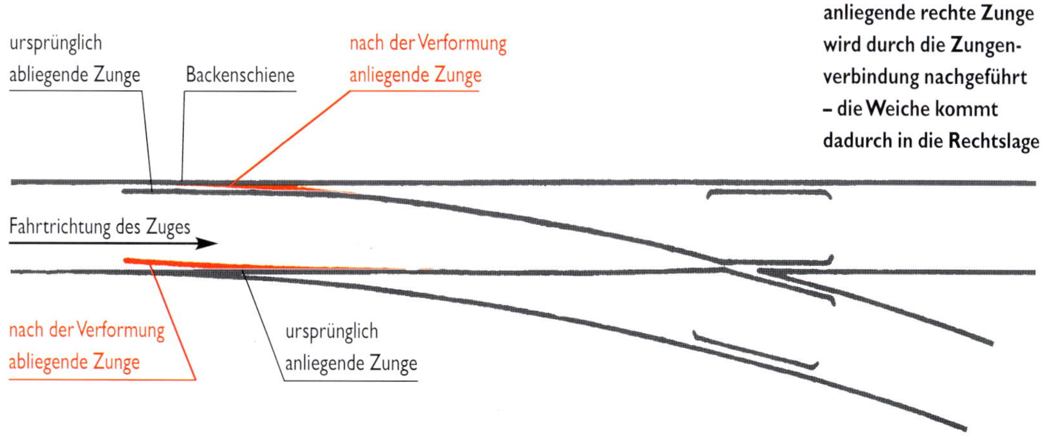

Hinter den Trümmern der eingestürzten Straßenbrücke haben sich sieben Wagen des ICE und der hintere Triebkopf zusammengeschoben und aufgetürmt

daß etwas Schreckliches geschehen ist, alarmieren ihre Feuerwehr, die nach wenigen Minuten zur Stelle ist.

Der Fahrdienstleiter des Bahnhofs Eschede sieht, wie nur ein Triebkopf durch den Bahnhof fährt. Er stellt sogleich das Ausfahrsignal auf Halt und ruft nach dem „Notfallplan" die Rettungskräfte.

Was die Kameraden der anrückenden Freiwilligen Feuerwehr um 11.03 Uhr sehen, nimmt ihnen den Atem: die 40 m lange über den Bahnhof führende Brücke der Straße nach Rebberlah ist eingestürzt und hat unter sich den Zug begraben.

Von 11.07 Uhr an treffen die Notärzte, Sanitäter, Kräfte des Technischen Hilfswerks und Beamte des Bundesgrenzschutzes ein. Aus Hannover eilen Ärzte herbei, die sich dort zu einer Fachtagung versammelt hatten. Das, später als hervorragend bezeichnete, Rettungswerk beginnt.

Um 12 Uhr melden die Nachrichten von einem schweren Zugunglück. Ein Zug sei gegen eine

Brücke geprallt und der Unfallhergang noch unklar. Später heißt es in den Meldungen, möglicherweise habe es auf der Brücke einen Verkehrsunfall gegeben.
Um 12.15 Uhr kommt in Celle der Krisenstab zusammen, der, als gewiß wird, daß es viele Tote und Verletzte gibt, zehn Minuten später den Katastrophenalarm auslöst. Bis 13 Uhr sind etwa 1000 Helfer nach Eschede geeilt, die sich hauptsächlich um die vor der Brücke zusammengedrückten Wagen und die in ihnen befindlichen Menschen kümmern.

Um diese Zeit hält sich Bundeskanzler Helmut Kohl in Schwarze Pumpe auf, wo ein Kraftwerk einzuweihen ist, Innenminister Manfred Kanther besucht das Auswärtige Amt, und der DB-AG-Vorstandsvorsitzende Johannes Ludewig ist soeben auf dem Flughafen Prag eingetroffen. Kohl ruft, wie üblich, sein Bonner Büro an, ob es etwas Neues gäbe. Von dort erhält er die Hiobsbotschaft, die von der Deutschen Bahn über das Lagezentrum des Bundeskanzleramtes gegangen war. Kanther erfährt über die Katastrophe vom gleichen

Zwei Stunden nach dem Unglück kam ein hervorragend organisiertes Rettungswerk in Gang; rund 1000 Helfer waren am Unfallort im Einsatz

Einige der Wagenkästen haben den enormen Kräften gut widerstanden (die Fenster wurden erst im Zuge der Rettungsmaßnahmen eingeschlagen), doch im Inneren müssen sich grauenvolle Szenen abgespielt haben

Lagezentrum, verfügt den Einsatz des Bundesgrenzschutzes und entsendet Fachleute des Bundeskriminalamtes für die Identifizierung von Leichen. Ludewig bestellt in Prag sofort eine Chartermaschine, die ihn nach Frankfurt (Main) bringen soll. Anderthalb Stunden nach seiner Ankunft in Prag kann er zurückfliegen.

Unterdessen setzt das vom Landkreis Celle organisierte Rettungswerk ein. Ein Unfallmediziner spricht von einem Wunder, daß es in den vor der Brücke liegenden Wagen überhaupt Verletzte gibt, denn er kennt von solchen Unfällen das „Hochrasanztrauma", etwas Unglaubliches für die menschliche Vorstellungskraft.

Wird nicht der gesamte Körper an einer Fläche, etwa an der Wagenwand, abgebremst, sondern nur einzelne Körperteile, zum Beispiel an einer Sitzlehne, dann bewegen sich die ungebremsten Körperteile infolge ihrer Massenträgheit mit der vorherigen Geschwindigkeit – also 200 km/h – weiter. Der Körperbau des Menschen ist nicht in der Lage, diesen Kräften zu widerstehen. Die freihängenden Körperteile (Arme, Beine oder der Kopf) werden einfach abgerissen. Mit den inneren Organen geschieht Ähnliches. Wer nicht auf diese Weise getötet wird, stirbt an den Verletzungen durch scharfkantige Teile. Der Tod soll die Menschen in diesem Zugteil binnen Bruchteilen von Sekunden ereilt haben. Unter ihnen sind fünf Eisenbahner, und zwar die beiden in der Nähe der Brücke tätigen Instandsetzungsarbeiter, zwei Zugbegleiter des „ICE-Teams" und ein dienstlos mitreisender Lokomotivführer aus Maschen. Auch zwei zum Personal

des ICE gehörende Mitarbeiter der MITROPA kommen ums Leben.
Dorfbewohner hatten die mit der Instandhaltung eines Kabelschrankes beschäftigten Eisenbahner und deren abgestelltes Auto auf der Brücke gesehen. Sie nährten die Spekulationen.
Hatten die beiden Eisenbahner am Gleis gearbeitet und dadurch den Unfall herbeigeführt? War ihr Auto auf der Brücke mit einem anderen Fahrzeug zusammengestoßen und in die Gleise gestürzt und hatte so die Entgleisung ausgelöst?
Wie oft in den ersten Stunden nach einem Unfall werden Ursachen und Folgen verwechselt. Wie sich bald herausstellt, sind die am Unfallort beobachteten Eisenbahner Betroffene der Katastrophe, nicht jedoch deren Auslöser.
Um 13.16 Uhr verständigt das Informationsmanagement des Geschäftsbereichs Fernverkehr seine Stellen: „Gegen 11.00 Uhr ist heute vormittag im niedersächsischen Kreis Lüneburg in der Nähe des Bahnhofs Eschede der ICE 884 von München nach Hamburg entgleist. Nähere Informationen über die Unfallursache und Personenschäden liegen noch nicht vor."
Anderthalb Stunden später wird diese Mitteilung ergänzt, es habe mehrere Tote und zahlreiche Verletzte gegeben, die Deutsche Bahn AG arbeite eng mit den Ermittlungsbehörden zusammen, um die Unfallursache zu klären. Die Medien werden vom DB-Zentralbereich Konzernkommunikation nach 14 Uhr mit einer ausführlicheren Presse-Information (aber mit ähnlich banalem Inhalt) verständigt.
Wie üblich, wenn zum Hergang und zur Ursache eines Unfalls nichts gesagt wird, die Redaktionen aber dringend Nachrichten verlangen, fragen die Journalisten

„Das hier ist das Entsetzlichste, was ich jemals gesehen habe."
*Ein **Feuerwehrmann** am Unfallort*

Direkt am Unfallort konnten die Helfer einen Landeplatz für die Rettungshubschrauber einrichten; der Luftraum wurde für alle anderen Flüge gesperrt

„Ich saß alleine im Abteil. Bevor es passierte, spürte ich mehrfach ein Rumpeln. Plötzlich ein fürchterlicher Knall. Das Licht ging aus, der Waggon sprang aus den Schienen, überschlug sich. Ich wurde ohnmächtig. Als ich wieder zu mir kam, lag ich kopfüber da, eingeklemmt von einem Sitz. Käfer krochen um mich herum, wahrscheinlich von der Wiese. Ich schrie. Schreie auch aus dem Nachbarabteil. Da saß eine Mutter mit zwei Kindern."
Angelika H. *in „Bild"*

Die Brücke begrub einen Teil des Wagens 5 unter sich. Dann schoben sich die Wagen 6 bis 14 und der hintere Triebkopf – ein Zugteil von ursprünglich 200 Metern Länge! – einem Zollstock gleich zusammen

„Das Barbarische und Schreckliche dieses Unglücks springt einen geradezu an. Wie konnte das geschehen?"
*Bundeskanzler **Helmut Kohl** an der Unfallstelle*

Aus dem gesamten Landkreis Celle mußten die Leichenwagen zum Abtransport der Todesopfer zusammengeholt werden

Anwohner, um „Eindrücke einzufangen" (dem journalistischen Gewerbe widmen wir in diesem Buch ein besonderes Kapitel), und so hört oder liest man Meinungen, die einer Nachprüfung nicht standhalten. Hannelore B. wohnt in der Rebbelaher Straße, schreibt die Frankfurter Allgemeine Zeitung. Sie, die B., berichtet: „Der Zug war so schnell wie noch nie. Das hört man, wenn man hier wohnt." Vom Geräusch auf die überhöhte Geschwindigkeit zu schließen, das mag nicht jedem gelingen! Dieter K., so lesen wir in der gleichen Zeitung, saß mit seiner Frau noch beim Kaffee in der Küche, als es plötzlich brauste und zischte. „Ich dachte, ein Flugzeug stürzt ab", sagt K.

Ein für die Celler Tageszeitung tätiger Fotograf ist einer der ersten am Unglücksort. Er soll wenige Tagen zuvor, als er mit Kameraden der Feuerwehr zusammengetroffen war, gesagt haben: „Bei uns ist schon lange nichts Richtiges mehr losgewesen..."

Bereits am Nachmittag steht fest, daß kein Auto auf die Gleise gefallen sein kann, denn der vordere Triebkopf ist unbeschädigt.

Peter Münchschwander, der DB-Vorstand für den Geschäftsbereich Netz (Münchschwander war übrigens maßgeblich an der Entwicklung des deutschen Hochgeschwindigkeitsverkehrs beteiligt), bestreitet noch am Abend des Unglückstages im Fernsehen den Zusammenhang zwischen den Bahnarbeitern und dem Unfall. Damit ist die „Bild"-Zeitung mit ihrer in der Ausgabe des nächsten Tages geäußerten Vermutung, es gäbe zwischen den Gleisbauarbeitern und dem Unfall einen Zusammenhang, dementiert worden.

Fast unversehrt kam der vordere Triebkopf mit der Nummer 401 051 etwa zwei Kilometer hinter der Unglücksstelle zum Stehen

Aber das Blatt traf mit der Frage nach einer „verstellten Weiche", wie wir aus der Rekonstruktion des Unfallherganges bereits wissen, sehr wohl ins Schwarze.

Noch am Tag des Unfalls werden die Servicemitarbeiter auf den Bahnhöfen und in den Zügen gebeten, „ab morgen als Zeichen ihres Mitgefühls und ihres Respekts vor den Toten einen Trauerflor zu tragen."

Die Großbildleinwände in den Bahnhöfen senden bis auf weiteres kein Unterhaltungsprogramm.

Die Zentrale Transportleitung der DB rechnet nach dem Ausmaß der Schäden in Eschede mit einer Streckensperrung von 48 Stunden, die Fernverkehrszüge werden zwischen Hannover und Hamburg über Rotenburg (Wümme) umgeleitet, für die Nahverkehrszüge besteht zwischen Celle und Unterlüß sogenannter Busnotverkehr.

Am Abend des Unfalltages treffen 28 Männer und Frauen in einem Hotel in Hannover ein. Sie gehören zu den 120 Spezialisten – 90 vom Bundeskriminalamt, 30 externe Mitarbeiter –, die bei der Identifizierung der Opfer helfen.

Diese Kommission, abgekürzt IDKO, war nach der Flugzeugkatastrophe auf Teneriffa 1972 gebildet worden, wo 155 Menschen ums Leben kamen. Bisher wurde die IDKO 17 mal, davon 13 mal nach Flugzeugabstürzen, tätig, so 1996 nach dem Absturz der Birgenair-Boeing vor der Küste der Dominikanischen Republik. Sie hat bislang rund 1000 Opfer identifiziert. Die Kriminalpolizei von Celle soll die Schwierigkeiten vorausgesehen haben, die sich mit der Identifizierung der Opfer ergeben könnten und forderte die Spezialisten an.

„Ich hörte nur ein schrilles Geräusch wie von einem Hubschrauber, ein Krachen, und dann lagen plötzlich Eisenbahnwaggons vor meiner Haustür"
*Eine **Anwohnerin***

Die Unglücksstelle aus nördlicher Richtung

„Fassungslosigkeit, Trauer, blankes Entsetzen: das sind einige der Vokabeln, die sich nach Katastrophen einstellen, nach Erdbeben, Taifunen und schweren Verkehrsunfällen. Aber das furchtbare Zugunglück von Eschede verursacht eine Erschütterung, die schwer vergleichbar ist. Was in Eschede passierte, so war es wohl die unverrückbare Vorstellung der meisten bis zu diesem Mittwoch, geschieht vielleicht in Indien oder Sibirien."
***Wolfgang Roth** in der Süddeutschen Zeitung*

4. Juni: Der Schock danach

Am Tag nach der Katastrophe, am 4. Juni, nimmt die Unfalluntersuchungskommission unter Leitung von Hans-Heinrich Grauf, Referatsleiter im Eisenbahn-Bundesamt, der Aufsichtsbehörde der deutschen Eisenbahnen, ihre Arbeit auf.
Sie kommt recht schnell zu der Erkenntnis, daß nicht ein Anschlag auf den Zug, sondern Mängel im Laufwerk des ICE Ursache der Katastrophe sind. Deshalb ordnet die Deutsche Bahn um 14.30 Uhr an, daß alle ICE einer zusätzlichen Untersuchung unterzogen werden und daß bis zum Abschluß dieser Untersuchung alle ICE nur bis zu 160 km/h fahren dürfen.
„Mit hohen Verspätungen muß gerechnet werden!", lautet das Info-Fax an die Mitarbeiter des Fernverkehrs. Tatsächlich betroffen von der Untersuchung und der Geschwindigkeitsbeschränkung sind jedoch nicht sämtliche ICE, sondern nur die ICE der ersten Generation, als ICE-1 bezeichnet. Die ICE der zweiten Generation, die ICE-2, sind mit anderen Laufwerken ausgestattet. Auf diese Unterschiede wird noch eingegangen.
An diesem Donnerstag, 20 Stunden nach der Katastrophe, nehmen vier aus je zwei Ärzten, einem Zahnarzt, einem Fingerabdruckspezialisten, einem Fotografen, einem Fachmann für Asservate und einem Protokollanten bestehende Gruppen der erwähnten Identifizierungskommission im Obduktionssaal der Medizinischen Hochschule Hannover ihre Arbeit auf. Ihnen genügt nicht ein Ausweis bei der Leiche, denn er könnte von einer anderen Person sein. (Übrigens wird bei der Aktion auch ein gefälschter Ausweis entdeckt.) Hauptsächlich müssen die Fachleute Körperteile zuordnen, was mit Hilfe der DNA-Untersuchung, dem „genetischen Fingerabdruck", möglich wird. Zum Schluß einer gewöhnlichen Obduktion wird, wie die „Berliner Zeitung" schreibt, „der aufgeschnittene Körper wieder verschlossen. [...] Nur eine lange Naht deutet auf den Eingriff hin. Alles ist wieder an seinem Platz."
Doch bei den Eschede-Opfern geht das nicht, denn ein durch das Unglück völlig zerstörter Körperteil sei nicht wiederherzustellen. „Es ist nicht einmal klar, wie man das, was in den Plastiksäcken liegt, nennen soll. Manche Juristen sehen darin noch einen 'Rest der Persönlichkeit', andere nur eine 'herrenlose Sache'. Der in Stücke gerissene Mensch bleibt in Stücken, er wird nicht wieder zu einem Ganzen zusammengesetzt. Das Ganze ist in den Trümmern des ICE ‚Wilhelm Conrad Röntgen' untergegangen."
Die Verstümmelungen erklären, wieso es zu den schwankenden Zahlenangaben zu den Getöteten kommt. Erst nach mehr als einer Woche steht für die IDKO fest, daß die Leichen-, Körper- und Gewebeteile zu insgesamt 100 Opfern gehören.
Die Flaggen auf allen öffentlichen Gebäude wehen auf halbmast, in München, Hamburg, Celle und Eschede werden Gedenkgottes-

dienste gehalten, Bundeskanzler Helmut Kohl und der niedersächsische Ministerpräsident Gerhard Schröder treffen in Eschede ein, Passanten legen am Gleis 19 in München Hbf, wo der Unglückszug abfuhr, Blumen nieder, zahlreiche Veranstaltungen der Deutschen Bahn AG oder solche, an denen sie beteiligt ist, werden abgesagt.
60 Geistliche werden nach Eschede und in die Kliniken geschickt, die den Trostsuchenden und Verwirrten beistehen sollen.
Die Zentrale Transportleitung und der Geschäftsbereich Fernverkehr der Deutschen Bahn gehen davon aus, daß die Untersuchungen der ICE-1-Züge bis zum Morgen des nächsten Tages beendet sein werden, tatsächlich aber hält der Notfahrplan über Wochen an.

Nach wenigen Tagen der Improvisation kam ein halbwegs geordneter ICE-Ersatzverkehr in Gang – sogar mit „richtigen" Zuglaufschildern

5. Juni: ICE-Ersatzverkehr

Um 8.15 Uhr des folgenden Tages erfahren die Beschäftigten der Fahrkartenausgaben von den Auswirkungen der ersten Überprüfung: Die ICE-1-Züge der Linien 3,

Ersatzzug für den ICE 897 auf der Berliner Stadtbahn in der Nähe des Bahnhofs Savignyplatz (21. Juni 1998)

„Wer behauptet, hier nur noch Profi zu sein, der muß Eiswürfel pinkeln können, so kalt muß der sein."
Frank Wenzlow,
Sanitätsleitung am Unfallort

Tag und Nacht arbeiten die Retter. Erst am 7. Juni sind die Bergungsarbeiten an der Unglücksstelle abgeschlossen

Presse-Information

DB

Konzernkommunikation Berlin/Brandenburg

Eilige Verkehrsmeldung!

Ausfall von ICE-Zügen

(Berlin, 05.06.1998). Nach ersten Erkenntnissen über eventuelle Ursachen des Unglücks und aufgrund ihrer Verantwortung für die Sicherheit der Reisenden hat die Deutschen Bahn AG - wie bereits mitgeteilt - die vorsorglichen Maßnahmen ausgeweitet. Das führt zu Beeinträchtigungen im Reiseverkehr.

Auf den Strecken

- Hamburg - Basel
- Hamburg - München
- Berlin - München

fallen heute mehrere ICE-Züge der Deutschen Bahn AG aus. In Berlin sind betroffen: ICE 531/530 „Fliegender Hamburger" zwischen Hamburg und Berlin. Die Züge der ICE-Linie 6 (Berlin - Frankfurt/Main - München) verkehren seit heute morgen bis auf weiteres nicht ab Berlin Ostbahnhof, Berlin Zoologischer Garten, Berlin Wannsee und Potsdam. Den Reisenden wird empfohlen, auch auf EC-, IC-, IR- Züge und soweit möglich auch auf Züge des Nahverkehrs auszuweichen. Diese Züge verkehren wie gewohnt.

Fahrmöglichkeiten bestehen:

- mit den InterCity-Zügen von Berlin Ostbahnhof, Berlin Zoologischer Garten in Richtung München bis Bitterfeld. Dort besteht Umsteigemöglichkeit in den InterRegio nach Frankfurt/Main
- mit der IR Linie 36 (Stralsund - Berlin - Frankfurt/Main) ab Berlin Lichtenberg
- ICE Linie 10 von Berlin bis Hannover - hier Umsteigemöglichkeit

Außerdem werden in einigen Relationen Ersatzzüge angeboten:

- IC 12073 Berlin - Basel SBB
- IC 12595 Berlin - München

Herausgeber: Deutsche Bahn AG
Zentralbereich Konzernkommunikation, Medienbetreuung
Verantwortlich für den Inhalt: Anfried Baier-Fuchs

Bei der Linie 6 (Berlin - Frankfurt/M - München) ankommende Züge in Berlin fallen aus:

- ICE 694 „Ricarda Huch" (München 5.36 Uhr - Berlin Ostbahnhof 14.20 Uhr)
- ICE 696 „Bettina von Arnim" (Stuttgart 5.51 Uhr - Berlin Ostbahnhof 12.20 Uhr)
- ICE 698 „Unter den Linden" (Frankfurt/M 5.12 Uhr - Berlin Ostbahnhof 10.20 Uhr)
- ICE 888 „Johannes Brahms" (Fulda 7.05 Uhr - Hamburg Altona 10.10 Uhr) **1)**
- ICE 896 „Brandenburger Tor" (Stuttgart 6.51 Uhr - Berlin Ostbahnhof 13.22 Uhr)

1) Es verkehrt ICE 888/898 Frankfurt/Main 6.03 Uhr - Fulda 7.12 Uhr - Berlin Ostbahnhof 11.20 Uhr.

Die DB AG informiert ihre Kunden auf den Bahnhöfen über Reisemöglichkeiten mit Handzetteln, über die Info-Hotline 19 4 19.

Die Deutsche Bahn AG bittet um Verständnis für diese Maßnahme.

Dr. Marlene Schwarz
Sprecherin Berlin/Brandenburg
Tel: 030/297 61138
E-Mail: Medienbetreuung@bku.db.de
Internet: http://www.bahn.de

4 und 6 – das sind die Linien Hamburg – Frankfurt (Main) – Basel/Stuttgart, Hamburg – München und Berlin – Braunschweig – München – sind vorläufig ersatzlos gestrichen.

Damit die erste Rückrufaktion der ICE auf den großen Bahnhöfen nicht zum Chaos führt, werden zusätzliche Kräfte an die „Front" geschickt, wo sie den irritierten Reisenden aus langen Listen die Ausweichzüge heraussuchen. Gleichzeitig erhalten die Mitarbeiter des Geschäftsbereichs Fernverkehr folgende „Argumentationshilfe" für Gespräche mit den Kunden:

- Wieso nehmen wir – die Deutsche Bahn AG – vorübergehend alle ICE 1 aus dem Betrieb? [...]
- Wir wollen die Ergebnisse der Untersuchung nicht abwarten, sondern schon im voraus alles im Sinne der Sicherheit unserer Reisenden tun.
- Deswegen werden alle ICE 1 ab sofort in unseren Werken überprüft.
- Sie werden erst dann wieder in Betrieb gehen, wenn die Überprüfungen abgeschlossen sind. Dies wird nach und nach erfolgen.
- Dadurch treten Störungen im Fernverkehr auf. Diese nehmen wir bewußt in Kauf, da die Sicherheit unserer Kunden Vorrang hat.
- Die dadurch entstehenden Verspätungen im Fahrplan des Fernverkehrs bitten wir zu entschuldigen.

Am gleichen Tag entwirft der Redenschreiber des Vorstandsvorsitzenden Johannes Ludewig einen Offenen Brief an die Eisen-

bahner, der nichts Neues enthält (siehe Anhang S. 114). Zum Schluß des Schreibens appelliert Ludewig: „Lassen Sie uns in diesen schweren Tagen zusammenstehen."
Fortan ist eine merkwürdige Aufgabenteilung der Deutschen Bahn AG gegenüber den Medien zu bemerken: Das für das Netz (also sachlich) zuständige und obendrein zum Thema Hochgeschwindigkeitsverkehr überaus kompetente Vorstandsmitglied Peter Münchschwander verschwindet von der Bildfläche, auch tritt entgegen ihrer sonstigen Gewohnheit nicht Anfried Baier-Fuchs, die Bereichsleiterin Konzernkommunikation auf, sondern es antwortet nur noch der Vorstandsvorsitzende Ludewig, allerdings ohne fachlichen Hintergrund, und es tritt das für Forschung und Technologie zuständige Vorstandsmitglied Roland Heinisch auf. Die Presseerklärungen der Bahn zum Unfall werden nur noch vom Pressesprecher Fernverkehr herausgegeben, obwohl auch hier eigentlich der des Geschäftsbereichs Netz zuständig wäre.

6. Juni: Rückrufaktion für den ICE

Das aus dem Unglückszug geborgene Gepäck ist in die ehemalige Gepäckaufbewahrung Hannover transportiert worden. Zu ihr wird ein Taxipendel vom Bahnhofsvorplatz eingerichtet, wenn unverletzte Reisende oder Angehörige Verletzter oder Getöteter zu den Gepäckstücken möchten.
Das Eisenbahn-Bundesamt gibt sich mit der Besichtigung der ICE-Räder und der Klangprobe mit Hilfe eines Hammers nicht zufrieden, sondern ordnet die Ultraschalluntersuchung bei allen ICE-1 an, die mit gummigefederten Radsätzen ausgestattet sind. Durch diese zweite Rückrufaktion wird es nach Meinung des Geschäftsbereichs Fernverkehr zwei Wochen dauern, bis alle Fahrzeuge wieder verfügbar sind.
Die Eisenbahner erhalten den zweiten Offenen Brief ihres Vorstandsvorsitzenden, der darin den Eindruck erweckt, als habe nicht das Eisenbahn-Bundesamt die

Linke Seite: Als „Eilige Verkehrsmeldung" gibt die Deutsche Bahn AG den Medien den Ausfall von Zügen wegen der ersten ICE-Überprüfung bekannt

Nachruf auf die in Eschede getöteten Eisenbahner in der Mitarbeiterzeitung „Bahn-Zeit": Antje Strobach und Robert Karl Köpf gehörten zum Tochterunternehmen MITROPA AG, Jürgen Sumann war ein dienstlos mitfahrender Lokomotivführer, die anderen waren das ICE-Team bzw. die unter der Brücke stehenden Instandhaltungsmechaniker

Wir trauern um die Opfer des Unglücks von Eschede. Unser besonderes Andenken gilt unseren Kolleginnen und Kollegen, die ihr Leben gelassen haben.

Volker Harms • Horst Hartwig • Mandy Heyer
Robert Karl Köpf • Erich Oltmann • Antje Strobach • Jürgen Sumann

Unser tiefstes Mitgefühl gilt den Angehörigen.

Dank und Respekt sprechen wir den Helfern von Eschede aus.
Sie haben Übermenschliches geleistet,
Leben gerettet und Leid gelindert.

Vorstand, Aufsichtsrat, Gesamtbetriebsrat und Mitarbeiter der Deutschen Bahn

Nur viermal fuhr der angemietete „Thalys“ – ein Zug aus der französischen TGV-Familie – als Ersatzzug für den ICE „Alsterkurier“. Dann untersagte das Eisenbahn-Bundesamt den Einsatz des Zuges, der für deutsche Strecken nur eine eingeschränkte Zulassung hat

In langen Reihen standen im Juni ICE-Mittelwagen im Güterbahnhof Hamburg-Eidelstedt abgestellt, erst nach dem Radsatztausch durften sie weiterfahren

Ultraschalluntersuchung angeordnet, sondern die Deutsche Bahn AG sich dazu entschlossen (siehe Anhang S. 115). Den Eisenbahnern wird in einer weiteren Information erklärt, das Eisenbahn-Bundesamt habe „bisher keine Ultraschall-Untersuchung für die Prüfung der Radsätze vorgeschrieben."

Die Transportleitung arbeitet einen Notfahrplan aus, und die Deutsche Bahn AG bemüht sich bei den Österreichischen sowie den Schweizerischen Bundesbahnen um Ersatzzüge.

8. Juni: Sorge um die Opfer

Die Eisenbahner der Deutschen Bahn AG erfahren durch ihren Zentralbereich Konzernkommunikation, daß der Vorstand beschloß, „daß Freifahrten von Mitarbeitern und deren Angehörigen sowie weiterer Freifahrtberechtigter ab sofort bis einschließlich Sonntag, 14. Juni, auf den Korridoren" der ICE-Linien 3, 4 und 6 „in Zügen des Fernverkehrs nicht möglich sind."

Die Bahn-Sprecherin Christine Geißler-Schild behauptet in Frankfurt am Main, bis heute seien Ultraschall-Prüfungen alle sechs bis sieben Monate Standard. Dazwischen würden die Radreifen an den Hochgeschwindigkeitszügen der Deutschen Bahn AG alle zwei Tage mit Taschenlampe und durch Betasten auf gefährliche Risse hin geprüft. Die bisherige Prüfmethode sei zuverlässig gewesen. 1991 habe man versucht, die Routineuntersuchung zu automatisieren, was aber gescheitert sei. Die Bahn werde ihr komplettes Sicherheitssystem überprüfen. Dafür sei Vorstand Roland Heinisch eingesetzt worden. Laut dem Vorstandsvorsitzenden Ludewig soll die 15stündige Untersuchung der Radreifen mit Ultraschall künftig Routine werden.

Prof. Hermann Wüstenberg, Fachmann für zerstörungsfreie Materialprüfung, sagt der Nachrichtenagentur dpa, der Deutschen Bahn AG sei die Sicherheitslücke bei den Radreifen bekannt gewesen. Bereits im Mai 1996 habe das Unternehmen ein besseres Prüfsystem initiiert.

An diesem Tag heben große Kräne die völlig zerstörten Teile des ICE-Wracks in die Luft, damit die Untersuchungskommission die Radreifen und das Fahrwerk untersuchen kann. Die Staatsanwaltschaft bei dem Landgericht in Celle ermittelt gegen Unbekannt wegen des Verdachts auf fahrlässige Tötung und Körperverletzung.

Auch die Suche nach Leichenteilen wird fortgesetzt. Der Sand der Bahnböschung wird in Handarbeit nach Leichenteilen, Schmuck oder anderen persönlichen Gegenständen durchsiebt. Die Identifizierungskommssion stellt fest, daß 38 der Getöteten aus Bayern stammen, elf aus Niedersachsen, sechs aus Hessen, je vier aus Hamburg und Nordrhein-Westfalen. Ein Toter stammt aus Bosnien, ist aber in Hamburg gemeldet. Unter den Getöteten sind mehrere Kinder, eine vierköpfige Familie ist ausgelöscht worden.

Erstmals in der Geschichte der Bundesrepublik Deutschland wird nach einer Katastrophe ein Ombudsmann eingesetzt, der den Betroffenen und den Angehörigen

„Deutschland ist erschüttert.
Deutschland trauert.
Deutschland weint Tränen ohnmächtiger Wut. Es ist ein Blutbad. Verletzte schreien.
Mütter suchen nach ihren Kindern.
Deutschland kniet nieder vor den Toten von Eschede.
Aber die Zweifel und Fragen nach dem ersten Desaster des Stolzes der deutschen Technologie erfüllen diese späten Frühlingstage mit Angst."

Corriere della Serra, *Mailand*

Auch aus Österreich mietete die Deutsche Bahn AG Fahrzeuge für den ICE-Ersatzverkehr an. Sechs Bc-Wagen der Österreichischen Bundesbahnen bildeten einen Ersatzzug, der zwischen Berlin und Braunschweig pendelte

von Opfern des Unglücks als neutraler Ansprechpartner und Interessenvertreter zur Verfügung stehen soll. Am 8. Juni nennt die Deutschen Bahn AG den Namen dieses Mannes noch nicht. Es ist Otto Ernst Krasney, bis zum Dezember 1997 war er Vizepräsident des Bundessozialgerichts. Ihm stellt die Deutschen Bahn AG einen Hilfsfonds von 5 Millionen Mark zur Verfügung. Wenige Tage später kann er auch über ein Spendenkonto verfügen, obwohl es keinen Spendenaufruf gegeben hatte. Die Bahn wollte nicht als „Drückeberger" dastehen. Vom 22. Juni an wird Krasney in einem grauen Gebäude im Bahnhofsviertel von Frankfurt am Main sitzen, wenn er nicht die Angehörigen der über das Land verteilten Opfer besucht. Seine Aufgabe ist die Vermittlung von psycho-sozialer Betreuung, die Vermittlung von Krankenhäusern und die Beratung in Rechtsfragen. Ihm zur Seite gestellt sind sieben Mitarbeiter: zwei Psychologen, eine Sozialarbeiterin, ein Betriebsrat der DB, ein Beauftragter der DB-Konzernleitung, ein Finanzfachmann und ein Mitarbeiter der Entschädigungsgruppe.

Täglich gehen etwa 25 Anrufe ein, etwa der einer alten Frau. Sie und ihr 81jähriger Ehemann haben die Tochter und den Schwiegersohn in Eschede verloren, die bisher zweimal in der Woche im Haushalt geholfen hatten. Krasney wird prüfen, ob eine Pflegekraft bestellt werden kann. Wie sich bald zeigt, wird der Ombudsmann täglich mehrere Stunden von seinen Aufgaben abgehalten, weil er Interviews geben soll.

Am Abend des 8. Juni gibt der Geschäftsbereich Fernverkehr intern bekannt, daß inzwischen acht der ICE-1-Züge technisch unter-

sucht sind und im Einvernehmen mit dem Eisenbahn-Bundesamt für die Höchstgeschwindigkeit von 280 km/h freigegeben sind.
Von 125 ICE-Zügen verkehren sieben über die planmäßige Gesamtstrecke und sechs sogenannte Pendel-ICE-1 auf Teilstrecken, dazu kommen 35 ICE-2, die wegen der noch nicht in Betrieb gegangenen Schnellbahn Hannover – Berlin überzählig sind und bereits als Intercity-Züge auf anderen Strekken eingesetzt waren. Die übrigen Züge fallen aus. Außerdem fallen die innerösterreichischen Züge aus, die von ICE gefahren werden sollten.
Daß die von Lokomotiven der Baureihen 101 und 103 gezogenen Ersatzzüge nicht zum Fahrplanchaos führen, ist dem Umstand zu verdanken, daß die befahrenen Strecken auch vom planmäßig vorgesehenen ICE nur mit Geschwindigkeiten bis zu 160 km/h befahren werden dürfen; die Lokomotiven und Wagen sind für Geschwindigkeiten bis zu 200 km/h ausgelegt.

9. Juni: Maulkorb für die Eisenbahner

Der Bahnvorstand wendet sich abermals in einem Offenen Brief an die „lieben Mitarbeiterinnen und lieben Mitarbeiter", in dem er feststellt: „Zu den Unglücksursachen gibt es nach wie vor keine abschließenden Erkenntnisse der Untersuchungsbehörden." Er enthält den Adressaten aber auch die vorläufigen Erkenntnisse vor, appelliert dafür: „Die freundliche und aufmerksame Betreuung unserer Fahrgäste kann viel bewirken. Wir müssen weiterhin um unsere Reisenden werben. Die momentan schwierige Situation darf nicht zu einem Rückschlag für unsere gestiegene Akzeptanz bei den Kunden führen."
Was der Bahnvorstand zur möglichen Unfallursache verschweigt, besorgen einige Journalisten, die nach der Ursache und nach etwaigen Versäumnissen der Deutschen Bahn AG recherchieren. Das ärgert neben dem Bahnvorstand auch den Vorsitzenden des Gesamtbetriebsrates, der den Eisenbahnern droht, wenn sie „sensationslüsternen Reportern" Auskunft geben oder die Bahn in Verruf bringen. Der Zentralbereich Konzernkommunikation verhängt allen Eisenbahnern ein Gebot zum Schweigen, und der Vorstand äußert sich nicht mehr: „Die Staatsanwaltschaft hat mit ihren Ermittlungen jetzt das Wort. Im Benehmen mit der Staatsanwaltschaft und im Interesse eines ungehinderten Ablaufs der staatsanwaltschaftlichen Ermittlungen bittet die Deutsche Bahn AG um Verständnis, daß sie sich zu allen Themen, die im weitesten Sinne mit den möglichen Ursachen des Unfalls von Eschede zusammenhängen könnten, nicht äußert."
Vorausgegangen ist eine Pressekonferenz des Vorstandsvorsitzenden Ludewig im Hauptbahnhof von Frankfurt am Main, zu der die Zeitungen feststellen: „Meist bleibt der Bahnchef die Antwort schuldig". Die Aussagen Ludewigs lassen sich so zusammenfassen:

- Bei bisher zwölf überprüften ICE-1 sind keine Mängel festgestellt worden.

„Im Hinblick auf die schweren Umstände des Unfalls und weil die Ermittlungen noch laufen, so daß noch nichts über die Unfallursachen und die Schuldfrage gesagt werden kann, beruft sich die DB AG nicht auf die Grenzen des Haftpflichtgesetzes und prüft jeden Einzelfall."
Hartmut Sommer,
Sprecher des DB-Geschäftsbereiches Netz

„Wenn man nicht weiß, wo der Fehler liegt, muß man zunächst die Gesamtbeanspruchung des Systems zurücknehmen. Das tun wir jetzt, indem wir alle ICE-Züge der ersten Generation nur noch mit 160 Stundenkilometern fahren lassen."
Johannes Ludewig,
Vorstandsvorsitzender der DB AG, im Nachrichtenmagazin „Der Spiegel"

- Ob es zum Risiko der verwendeten Räder Warnungen gegeben habe, kann er nicht sagen.
- Daß es einen Vorschlag gegeben habe, die Räder während der Fahrt ständig zu prüfen, kann er nicht bestätigen.
- Die Zeit sei zu kurz, um grundlegende Dinge verantwortungsvoll zu klären.
- Gründlich werde man alles untersuchen, was aber nicht heiße, daß es Fehler gäbe.

Der Bahn-Vorstandsvorsitzende Ludewig hält sich bedeckt, ihm seien Sicherheitsbedenken zu Radreifen in seiner knapp einjährigen Amtszeit nicht zu Ohren gekommen, er läßt auch offen, ob er sich in den Tagen, nachdem der Radreifenbruch als mögliche Ursache ermittelt wurde, sich unter seinen Fachleuten kundig gemacht hat.

13. Juni: Die dritte Rückrufaktion

Am 13. Juni überrascht die Deutsche Bahn AG die Öffentlichkeit mit der dritten Rückrufaktion ihrer ICE-1. Dazu gehören auch die 30 Züge, die bei der zweiten Rückrufaktion bereits mit Ultraschall untersucht worden waren. Nach stundenlangen Beratungen zwischen der Bahn und dem Eisenbahn-Bundesamt war von letzterem angeordnet worden, die Züge mit Vollrädern, sogenannten Monobloc-Rädern, auszurüsten. Auch fabrikneue, ultraschallgeprüfte Radreifen werden zugelassen. Uneins ist man über die Intervalle der Nachuntersuchungen. Hintergrund der neuen Maßnahme sind Brüche von Radreifen der gleichen Bauart, wie sie beim ICE-1 verwendet werden, die sich „bei Stadtbahnen außerhalb der DB" ereignet hätten und „neu bekannt" geworden seien. Bald stellt sich heraus, daß damit die ÜSTRA-Stadtbahn Hannover gemeint ist, bei der im Sommer 1997 kurz hintereinander vier Radreifen brachen.

Zwei Tage darauf untersagt das Eisenbahn-Bundesamt den Betrieb mit alten Radreifen so lange, „bis der Nachweis dauerhafter Betriebssicherheit dieser Radsatzbauarten erbracht ist". Im Einzelfall könne vom Eisenbahn-Bundesamt eine Betriebsgenehmigung erteilt werden, heißt es von dieser Behörde, „wenn es sich um einen fabrik-

neuen Radsatz handelt, der von den an der Herstellung beteiligten Firmen aufgrund von Ultraschallprüfung als frei von Verarbeitungs- und Materialfehlern dokumentiert ist.“ Die Betriebsgenehmigung gelte aber nur bis zur nächsten Fristuntersuchung im ICE-Betriebswerk.
Von 88 Schwerverletzten liegen noch 73 in Krankenhäusern.

17. Juni: Bericht in Bonn

Am 17. Juni tagt in Bonn der Verkehrsausschuß des Bundestages. Dort erstattet Hans-Heinrich Grauf vom Eisenbahn-Bundesamt einen vorläufigen, aber detaillierten Bericht über den Hergang und die Ursache der Katastrophe.
Die Deutsche Bahn AG verfolgt eine geschickte Taktik, damit die Journalisten und mit ihnen die Öffentlichkeit möglichst wenig erfahren sollen. Vormittags beantworten der Vorstandsvorsitzende Johannes Ludewig, der Vorstand für Technik und Forschung Roland Heinisch und der Präsident des Eisenbahn-Bundesamtes Horst Stuchly die heiklen Fragen der Abgeordneten unvollständig und ausweichend. Gegen Mittag gibt die Deutsche Bahn AG eine Pressekonferenz mit dem Tenor „Unfall war nicht vorhersehbar“. Graufs am Nachmittag vorgetragener

Die ersten auf Vollräder umgerüsteten ICE-1 wurden zunächst zu verkürzten Einheiten zusammengestellt, deren Höchstgeschwindigkeit wegen des kürzeren Abstandes zwischen den Stromabnehmern der Triebköpfe und der damit verbundenen Fahrleitungsschwingungen von 280 auf 250 km/h herabgesetzt wurde. (ICE mit acht Mittelwagen Anfang Juli 1998 im Bahnhof Hamburg Sternschanze)

„Wir waren bundesweit führend mit unserem Konzept eines attraktiven Dorfbahnhofs. Uns ist das Rückgrat gebrochen. Wir sind ein Eisenbahndorf in der Heide, das in Symbiose lebt mit der Bahn – das macht die Sache für uns traumatisch."
Klaus Drögemüller,
Gemeindedirektor

Bericht (siehe Anhang S. 112) läßt an dieser These jedoch zweifeln. Zwischen Hamburg und Köln fährt als Ersatzzug für den ICE „Alster-Kurier" ein in Frankreich gebauter Hochgeschwindigkeitszug „Thalys" des belgischen Betreibers Westrail international. Der Zug soll eigentlich bis 1. Juli bei der Deutschen Bahn AG bleiben, kommt jedoch nur am 17., 18., 23. und 24. Juni zum Einsatz. Nach Informationen aus dem Eisenbahn-Bundesamt wird er auf Weisung dieser Behörde zurückgezogen. Für den Einsatz der „Thalys" auf deutschen Strecken bestehe nur eine Ausnahmegenehmigung für Fahrten von der belgisch-deutschen Grenze bis Köln. Die Züge entsprechen nicht den deutschen Brandschutzvorschriften.

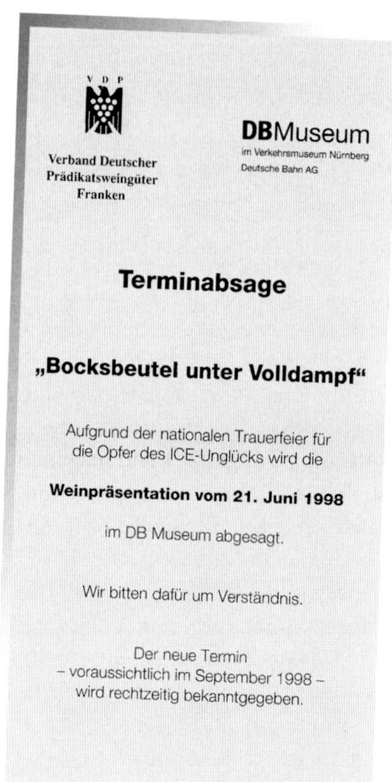

VDP
Verband Deutscher Prädikatsweingüter Franken

DBMuseum
im Verkehrsmuseum Nürnberg
Deutsche Bahn AG

Terminabsage

„Bocksbeutel unter Volldampf"

Aufgrund der nationalen Trauerfeier für die Opfer des ICE-Unglücks wird die

Weinpräsentation vom 21. Juni 1998

im DB Museum abgesagt.

Wir bitten dafür um Verständnis.

Der neue Termin
– voraussichtlich im September 1998 –
wird rechtzeitig bekanntgegeben.

Schluß mit Lustig: Das Weintrinken im DB-Museum wurde – wie viele andere Veranstaltungen auch – abgesagt

In der Presse kochen noch einmal Spekulationen hoch, die ICE-Katastrophe könne die Folge eines Anschlages gewesen sein. Bei Boizenburg (Strecke Hamburg – Berlin) fährt mit 120 km/h der ICE 537 über ein Hindernis. Der Lokomotivführer hatte es erkannt und die Geschwindigkeit von 150 km/h ermäßigt. Das Hindernis, so stellt sich heraus, war ein Haufen Keramikplatten, die keine Gefahr für den Zug bedeuteten, die Sache ist ein Bahnfrevel von Kindern.

18. – 21. Juni: Das Land in Trauer

Mit einem ökumenischen Trauergottesdienst in der Münchner St. Michaelskirche gedenkt am 18. Juni der Freistaat Bayern der 55 bayerischen Opfer des Zugunglücks. Im Bundesrat bringt das Land Niedersachsen einen Entschließungsantrag ein, nach dem Verletzten und Angehörigen der Opfer des Eisenbahnunglücks von Eschede großzügiger geholfen werden könnte als dies nach geltendem Recht möglich ist. Nach dem bisher geltenden Haftungsrecht stehen bei Körperschäden Jahresrenten bis zu 30 000 Mark, für die Sachschäden aller Betroffenen ein Gesamtbetrag von 100 000 Mark zur Verfügung.
Vorstand, Aufsichtsrat und der Gesamtbetriebsrat der Deutschen Bahn AG schalten in den überregionalen Tageszeitungen „Frankfurter Allgemeine Zeitung", „Bild", „Süddeutsche Zeitung" und „Welt am Sonntag" eine Traueranzeige mit dem Text, der auch auf den Großbildschirmen der Bahnhöfe erscheint.

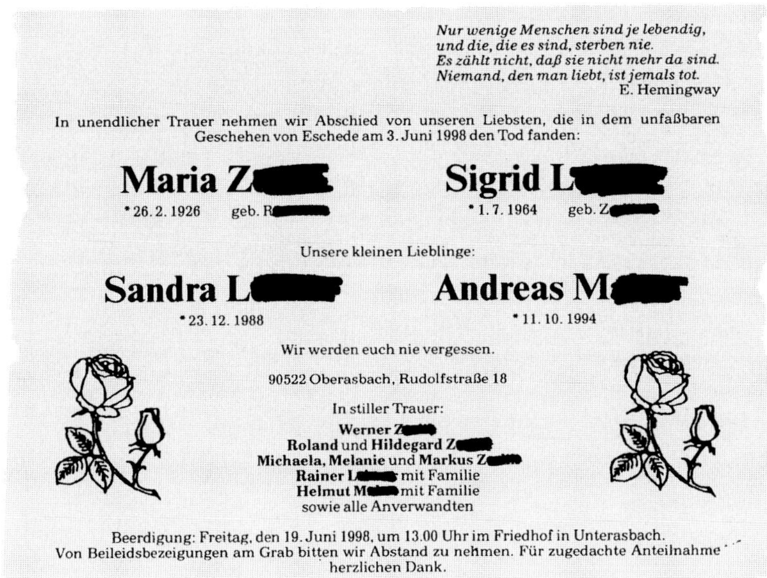

Nur wenige Menschen sind je lebendig,
und die, die es sind, sterben nie.
Es zählt nicht, daß sie nicht mehr da sind.
Niemand, den man liebt, ist jemals tot.
E. Hemingway

In unendlicher Trauer nehmen wir Abschied von unseren Liebsten, die in dem unfaßbaren Geschehen von Eschede am 3. Juni 1998 den Tod fanden:

Maria Z[redacted]
*26. 2. 1926 geb. R[redacted]

Sigrid L[redacted]
*1. 7. 1964 geb. Z[redacted]

Unsere kleinen Lieblinge:

Sandra L[redacted]
*23. 12. 1988

Andreas M[redacted]
*11. 10. 1994

Wir werden euch nie vergessen.

90522 Oberasbach, Rudolfstraße 18

In stiller Trauer:
Werner Z[redacted]
Roland und **Hildegard Z[redacted]**
Michaela, Melanie und **Markus Z[redacted]**
Rainer L[redacted] mit Familie
Helmut M[redacted] mit Familie
sowie alle Anverwandten

Beerdigung: Freitag, den 19. Juni 1998, um 13.00 Uhr im Friedhof in Unterasbach.
Von Beileidsbezeigungen am Grab bitten wir Abstand zu nehmen. Für zugedachte Anteilnahme herzlichen Dank.

101 Tote sind eine anonyme Masse – Betroffenheit stellt sich ein, wenn die dahinter stehenden menschlichen Tragödien offenbar werden (Anzeige in der Süddeutschen Zeitung)

Am 21. Juni um 11 Uhr beginnt in der Stadtkirche Celle die offizielle Trauerfeier der Bundesrepublik Deutschland. Anwesend sind Bundespräsident Roman Herzog und der gesamte Bahnvorstand. Wegen des Orts hatte es zuvor einen Streit gegeben, denn die Escheder wollten die Trauerfeier in ihrem Dorf abhalten, aber die Kirche ist hier zu klein; man fand einen Kompromiß, indem einige der Trauernden mit dem Bundespräsidenten nach der Trauerfeier in Bussen nach Eschede fahren.

Um 10.59 Uhr lösen alle Züge auf der freien Strecke ein Pfeifsignal aus. In den Reisezügen weist anschließend das Zugbegleitpersonal – soweit Lautsprecheranlagen vorhanden sind – mit einer Durchsage auf die Gedenkminute hin: „In diesem Augenblick beginnt in Celle die Trauerfeier für die Opfer des Zugunglücks von Eschede. Die Deutsche Bahn trauert um die Fahrgäste und um ihre Mitarbeiter, die bei diesem Unglück ihr Leben gelassen haben. Wir bitten um ein stilles Gedenken." Das Zugbegleitpersonal gedenkt stehend und schweigend für eine Minute der Opfer. Um 11.01 Uhr beendet ein erneutes Pfeifsignal die Gedenkminute. In den Bahnhöfen werden haltende Züge zwischen 10.58 Uhr und 11.01 Uhr nicht zur Weiterfahrt veranlaßt, und es ertönt um 10.59 Uhr ein Gong mit dem oben zitierten Hinweis.

Bundespräsident Herzog dankt in seiner Ansprache den vielen hundert Helfern für ihren vorbildlichen Einsatz und den Medien für ihre Zurückhaltung bei der Berichterstattung. „Das ganze Land hat einen Schock erlitten, der noch immer andauert. Die Katastrophe von Eschede hat in kürzester Zeit das ganze Volk in Entsetzen, Mitgefühl und Trauer vereint." Nach Meinung des katholischen Hildesheimer Bischofs Josef Homeyer werde sich das Zugunglück tiefer in die deutsche Nachkriegsgeschichte eingraben als andere Ereignisse.

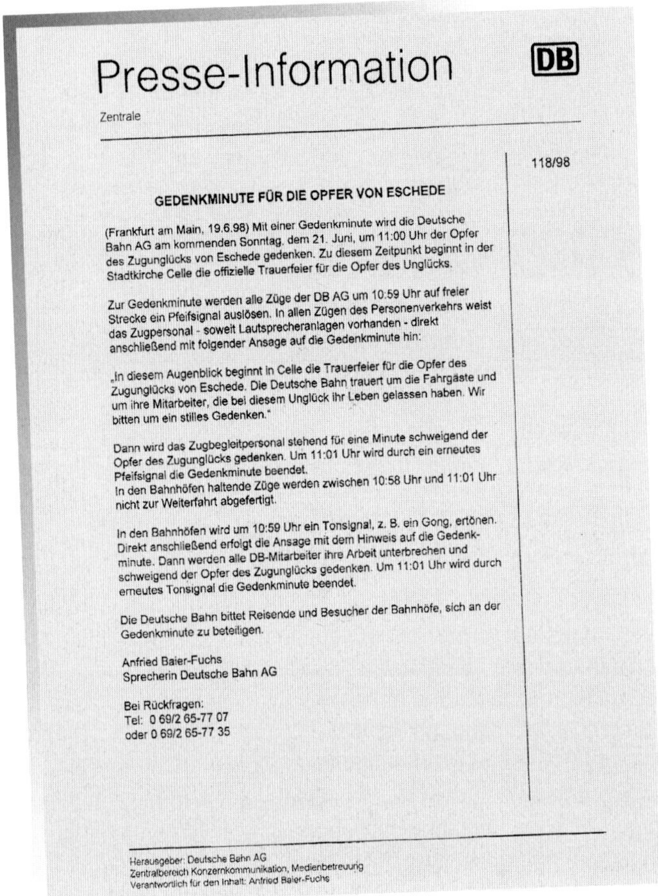

Presse-Information

DB

Zentrale

118/98

GEDENKMINUTE FÜR DIE OPFER VON ESCHEDE

(Frankfurt am Main, 19.6.98) Mit einer Gedenkminute wird die Deutsche Bahn AG am kommenden Sonntag, dem 21. Juni, um 11:00 Uhr der Opfer des Zugunglücks von Eschede gedenken. Zu diesem Zeitpunkt beginnt in der Stadtkirche Celle die offizielle Trauerfeier für die Opfer des Unglücks.

Zur Gedenkminute werden alle Züge der DB AG um 10:59 Uhr auf freier Strecke ein Pfeifsignal auslösen. In allen Zügen des Personenverkehrs weist das Zugpersonal - soweit Lautsprecheranlagen vorhanden - direkt anschließend mit folgender Ansage auf die Gedenkminute hin:

„In diesem Augenblick beginnt in Celle die Trauerfeier für die Opfer des Zugunglücks von Eschede. Die Deutsche Bahn trauert um die Fahrgäste und um ihre Mitarbeiter, die bei diesem Unglück ihr Leben gelassen haben. Wir bitten um ein stilles Gedenken."

Dann wird das Zugbegleitpersonal stehend für eine Minute schweigend der Opfer des Zugunglücks gedenken. Um 11:01 Uhr wird durch ein erneutes Pfeifsignal die Gedenkminute beendet.
In den Bahnhöfen haltende Züge werden zwischen 10:58 Uhr und 11:01 Uhr nicht zur Weiterfahrt abgefertigt.

In den Bahnhöfen wird um 10:59 Uhr ein Tonsignal, z. B. ein Gong, ertönen. Direkt anschließend erfolgt die Ansage mit dem Hinweis auf die Gedenkminute. Dann werden alle DB-Mitarbeiter ihre Arbeit unterbrechen und schweigend der Opfer des Zugunglücks gedenken. Um 11:01 Uhr wird durch erneutes Tonsignal die Gedenkminute beendet.

Die Deutsche Bahn bittet Reisende und Besucher der Bahnhöfe, sich an der Gedenkminute zu beteiligen.

Anfried Baier-Fuchs
Sprecherin Deutsche Bahn AG

Bei Rückfragen:
Tel: 0 69/2 65-77 07
oder 0 69/2 65-77 35

Herausgeber: Deutsche Bahn AG
Zentralbereich Konzernkommunikation, Medienbetreuung
Verantwortlich für den Inhalt: Anfried Baier-Fuchs

Preußisch-exakt wurde bei der Deutschen Bahn AG die Schweigeminute organisiert

Horst Hirschler, evangelischer Landesbischof von Niedersachsen, stellt die verzweifelte Frage: „Warum diese irre Verkettung von Unwahrscheinlichkeiten – der Radreifen, die Weiche, die Brücke. Warum mußte das so laufen?"

Zurück zum Alltag

Bei der Deutschen Bahn AG kehrt am 22. Juni wieder der Alltag ein, auf den Bahnhöfen werden die etwa 30 Großbildwände für Fernsehübertragungen wieder eingeschaltet, auch Werbung läuft hier wieder. Ein Hamburger Rechtsanwalt erstattet Strafanzeige gegen den Vorstandsvorsitzenden Johannes Ludewig und dessen Vorgänger Heinz Dürr wegen des Verdachts auf fahrlässige Tötung und fahrlässige Körperverletzung.

Auch am 3. Juli läuft der Reisezugverkehr entgegen den Verlautbarungen der Deutschen Bahn AG vom 26. Juni und den ganzseitigen Anzeigen in einigen Tageszeitungen noch nicht „wieder mit regulärem Fahrplan" (in dieser Presse-Information heißt es auch, die Deutsche Bahn verwende „für den ICE der ersten Generation zunächst ausschließlich Vollräder"). ICE-2-Halbzüge ersetzen ICE-1 und sind überfüllt. Von München und Hamburg aus fahren sie mit Verspätung, weil sie erst aufwendig gewendet werden müssen. Ihr Steuerwagen ist zu leicht und könnte durch die Druckverhältnisse bei Zugbegegnungen auf den Hochgeschwindigkeitsstrekken entgleisen. Das Eisenbahn-Bundesamt hat bei Fahrten mit dem Steuerwagen voraus nur eine Geschwindigkeit bis zu 200 km/h erlaubt, und so muß bei Fahrten über die Hochgeschwindigkeitsstrecken immer der Triebkopf voran laufen. Auch werden zahlreiche ICE-1, zum Beispiel zwischen Mannheim Hbf und Basel SBB, durch lokomotivbespannte Wagenzüge ersetzt.

Schwer finden die Escheder Einwohner zu ihrem Alltag zurück. Das jährliche Schützenfest ist abgesagt worden, aber die lange geplanten Kulturtage sollen stattfinden. Sie sind ab 5. Juli das erste größere Ereignisse nach dem Unglück. Die richtige Stimmung will nicht aufkommen, erheblich

An der Zufahrt zur zerstörten Brücke haben Bürger Eschedes eine provisorische Gedenkstätte errichtet (Aufnahme im Juli 1998)

weniger Gäste als in den Jahren zuvor kommen in die Glockenkolkhalle neben dem Rathaus, wo Musikgruppen auftreten. Kurzfristig ist eine Fotodokumentation vom ICE-Unglück, ausgestellt in einer Windmühle, ins Programm genommen worden. Gemeinde und Veranstalter hatten eine Weile diskutiert, ob man die Kulturtage absagen soll. Dann haben sie sich jedoch für das Stattfinden entschieden und ihre Meinung in einem Offenen Brief begründet: „Kunst kann lebensrettend sein, kann Wege aus der Trauer zeigen, ohne die Trauer zu ignorieren."

Während in Eschede still gefeiert wird, ziehen Rettungsfachleute zum Abschluß ihres 18. Bundeskongresses erste Bilanz: Das Zugunglück in Eschede sei medizinisch bravourös bewältigt worden. Die Verunglückten seien rasch und individuell medizinisch versorgt worden. Gewürdigt wird auf dem Kongreß auch die Arbeit der Hundeführer und der Rettungshunde. Die meisten der ums Leben gekommenen Menschen seien in Sekundenbruchteilen getötet worden, berichtete ein Rechtsmediziner aus Hannover, die Opfer hätten nicht gelitten.

2. Das Ende der Unschuld

„Mir fehlen die Worte.
Was soll ich sagen?"
Peter Münchschwander,
DB-Vorstandsmitglied,
an der Unglücksstelle

Dem Vorstandsvorsitzenden der Deutschen Bahn AG, Dr. Johannes Ludewig, sah man es im Fernsehen an: Er war von der Katastrophe nicht nur betroffen, er war sehr traurig, und er wirkte hilflos. Dieser Moment, da der Radreifen sich im Radlenker der Weiche 2 verklemmte, hatte dem Stolz seines Unternehmens Deutsche Bahn die Unschuld geraubt. Dieser Moment hatte das ganz auf den Schnellverkehr setzende Marketing in Frage gestellt.

Fortschritts-symbol ICE

Der Zug im blitzenden Weiß, das zur Leitfarbe der Deutschen Bahn AG gemacht worden war, war plötzlich nicht mehr das Symbol perfekter Technik, nicht mehr das Symbol für eine neue Dimension des Reisens, wie uns die Werbeblätter der Bahn versicherten. Der Intercity-Expreß wurde zum Desaster der Technikgläubigkeit einer Gesellschaft, die scheinbar keine Zeit mehr hat. Die deutschen Manager liebten den Zug, der an Komfort und Sicherheit dem „Train a grande vitesse" (TGV) der Franzosen überlegen war und ist. Wie hatten die Medien doch die „völlige Neuentwicklung" gelobt, seit der erste Zug, der sogenannte Intercity-Experimental, den Journalisten vorgestellt worden war! „Technisch fortschrittlicher als Frankreichs TGV" titelte die „Frankfurter Rundschau" am 14. Dezember 1985. „Höhepunkt der Eisenbahntechnik" sei der Intercity Experimental schrieb Manfred Schmidt im „Tagesspiegel" am 7. Dezember 1985. Auch der „Rheinische Merkur" ließ sich von der Vielzahl technischer Innovationen, von der Leistung der Drehstromtechnik und vom raffinierten Bremsensystem, beeindrucken.

An der allgemeinen Bewunderung, daß es in Deutschland nun endlich einen Hochgeschwindigkeitsverkehr gibt, daß man von München nach Hamburg nur noch sechs Stunden reist, daß man im normalen Zugbetrieb in den Geschwindigkeitsbereich von 250 km/h und mehr vorstößt, an dieser Bewunderung änderten auch die Mäkeleien der Medien in den ersten Wochen des planmäßigen ICE-Verkehrs nichts. Die ergossen nach der Festveranstaltung 29. Mai 1991 in Kassel-Wilhelmshöhe, mit der die Deutsche Bundesbahn das Hochgeschwindigkeits-Zeitalter einläutete, ihren Spott über die Bahn wegen verstopfter Toiletten und blockierter Türen.

Alles Kinderkrankheiten, längst vergessen, als 1994 die ersten 1000 Tage des deutschen Hochgeschwindigkeitsverkehrs vergangen waren. Die rasenden Züge gehörten zum Alltag der Bahn, die mittlerweile von einer Behörde zur „Deutschen Bahn AG" mutiert war. Wer nur diese Züge sah oder nur mit ihnen reiste, konnte meinen, allein der ICE-Hochgeschwindigkeitsverkehr wäre die Deutsche

Bahn – ein Gefühl, das deren Managern nur recht sein konnte. Diese Züge waren das non plus ultra an Komfort, Schnelligkeit und Sicherheit. 400 000 befragte Reisende gaben dem Flaggschiff ICE ob seiner komfortablen Einrichtung und dem Preis-Leistungs-Verhältnis im Durchschnitt die Note 2,1 . Der ICE übernahm in den 1000 Tagen fast ein Drittel aller Fernverkehrsleistungen der Deutschen Bundesbahn bzw. Deutschen Bahn AG.

Und fast ein Drittel des Umsatzes der Deutschen Bahn AG im Personenverkehr entfiel auf den ICE. Überlegen gegenüber dem Flugzeug zeigte sich der Hochgeschwindigkeitszug bei Entfernungen bis zu 400 km. In Verbindungen, für die der ICE weniger als drei Stunden schafft, verlor der Luftverkehr von 1990 zu 1996 etwa 44 Prozent seiner Passagiere, während im ICE die Zahl der Reisenden um 16,5 Prozent wuchs.

Jörg Werner schrieb im „eisenbahn magazin" 9/1994: „Seine Aufgaben erledigte er (der ICE – E.P.) dabei mit Ausdauer und großer Zuverlässigkeit. Einzelne Garnituren brachten es auf 485 000 Kilometer im Jahr." An Wochentagen waren von den 60 Einheiten 52 ständig im Einsatz, an Wochenenden sogar 57. Über 90 Prozent der ICE-Züge erreichten die Endbahnhöfe pünktlich oder mit höchstens fünf Minuten Verspätung.

Die Zahl der mit dem ICE reisenden Fahrgäste stieg ständig:
1991 – 5,9 Millionen,
1992 – 15,3 Millionen,
1993 – 21,9 Millionen,
1994 – 23,6 Millionen,
wobei man allerdings berücksichtigen muß, daß viele ICE die vorher verkehrenden Intercities ersetzt hatten.

Am 29. Mai 1991 startete die damalige Deutsche Bundesbahn in das Hochgeschwindigkeits-Zeitalter. Mit dem ICE-Bahnbetriebswerk Hamburg-Eidelstedt ging eine der weltweit modernsten Anlagen dieser Art in Betrieb

Abendzeitung

Der Elch läßt grüßen: So gefährlich ist der ICE 2

Auf den ersten Blick nicht vom ICE-1 zu unterscheiden: Der ICE-2 ist allerdings leichter und besitzt ein anderes Fahrwerk. Foto: dpa

Das ICE-Unglück bereitete den Nährboden für Zweifel an der Sicherheit des ICE-2. Nach einem schlecht recherchierten Bericht des ARD-Magazins „Monitor" griffen auch Tageszeitungen das Thema begierig auf

Bringt der Wind den ICE-2 aus dem Gleis?

Magazin »Monitor«: Neue Vorwürfe gegen die Bahn

Knapp zwei Monate nach dem ICE-Unglück von Eschede steht die Bahn wieder in der Kritik: Das WDR-Magazin „Monitor" berichtet in seiner jüngsten Sendung, daß die Züge der ICE-2-Generation unter gewissen Umständen „unsicher und gefährlich" seien. Grund: Sie werden zum Teil vom Triebwagen nicht gezogen, sondern geschoben. Am Zuganfang befinde sich dann der sogenannte Steuerwagen. Weil dieser leichter ist, sei der Zug anfälliger für Windböen – es drohe Entgleisungsgefahr.

Geschoben würden Züge aber nie fahrplanmäßig, sondern allenfalls als kürzere „Halbzüge" auf Nebenstrekken, so die Bahn, die derzeit alle Hochgeschwindigkeitsstrecken auf Windgefahr untersuchen läßt. Diese Maßnahmen laufen seit Anfang 1997 – ein halbes Jahr später ging der erste ICE-2 in Betrieb, auch wenn die Untersuchungen noch lange nicht abgeschlossen sind. „Monitor" zitiert einen ICE-Lokführer: „Es ist total unmöglich, daß man erst die Fahrzeuge in den Betrieb schickt und im nachhinein überprüft, ob sie auch tatsächlich sicher auf der Schiene fahren können." Ein Vorwurf, der an den „Elchtest" bei der Mercedes-A-Klasse erinnert: Die ersten Wagen waren bereits ausgeliefert, als ein schwedischer Motorjournalist den Mini mit dem Stern zum Kippen brachte.

Erst seit Mai rollen die windanfälligeren Halbzüge über die Schienen – allerdings gilt für sie Tempolimit 200. Dies sei Bestandteil der Zulassung durch das Eisenbahnbundesamt, so Bahnsprecherin Christine Geißler-Schild. Aber auch ein kompletter ICE-2 ist leichter als ein ICE-1. Pro Wagen wiegt der ICE-2 fünf Tonnen weniger. Der Steuerwagen ist mit 52 Tonnen deutlich leichter als der Triebwagen (80 Tonnen). Jetzt sucht die Bahn mit dem Deutschen Wetterdienst nach Lösungen, um die Geschwindigkeit der 44 ICE-2-Züge automatisch an die Windprognosen anzupassen.

Drei Generationen auf der Schiene

Vom Intercity-Express (ICE), dem Hochgeschindigkeitszug der Bahn, werden zwei Typen eingesetzt. Der bei Eschede aufgrund eines Radbruchs entgleiste Zug war ein ICE der ersten Generation. Von den jetzt in die Kritik geratenen ICE 2 sind 44 Halbzüge in Betrieb. Jede Garnitur besteht aus sieben Reisewagen, dem Triebkopf mit Antriebsmotor und einem Steuerwagen, der über kein Antriebsaggregat verfügt. Der Zug ist normalerweise für eine Geschwindigkeit von 280 km/h zugelassen. Beim derzeit getesteten ICE 3 werden die Triebköpfe ganz wegfallen. Die Wägen werden eigene Antriebswellen haben. **rae**

Mit der Selbstzufriedenheit ist es nach Eschede erst einmal vorbei. Der Hochgeschwindigkeitsverkehr, so wollten uns einige Medien glauben machen, soll eine Kette von Fehlentscheidungen gewesen sein. Der ICE wurde mit der „Titanic" verglichen; er war plötzlich nicht mehr das Symbol des Fortschritts und einer blendenden Zukunft. Er entzückte nicht mehr die Freunde der Technik. „Dieses Symbol ist entgleist. Damit ist der Friede zwischen den Freunden und den Feinden der Technik bedroht, die Ambivalenz wieder aufgebrochen. Ausgerechnet der ICE! Friedvoller Bote der Versöhnung! Und nun, unter der silbrig-glänzenden Haut, nichts als Blut und Eisen", schrieb Ulrich Greiner in der Wochenzeitung „Die Zeit"

vom 10. Juni 1998. Ludewig sagte: „Wir haben eine Zäsur erfahren."
Vom Stimmungsumschwung war ein ganzes Volk erfaßt, auch der Bundespräsident Roman Herzog. Hatte nicht er im April 1997 gefordert, durch Deutschland möge ein Ruck gehen und alle möchten dem technischen Fortschritt doch etwas weniger Skepsis entgegenbringen? – Als er beim Staatstrauerakt in Celle die richtigen Worte finden mußte, mißtraute er der Technik, als er sagte, moderne Technik erleichtere zwar das Leben, es seien aber Unglücke wie in Eschede, die die Menschen daran erinnerten, daß sie sterblich seien und diesem Schicksal nicht entgehen könnten. Die Menschen müßten für jede glückliche Ankunft dankbar sein, vergäßen dies aber oft.
Schlimmer: Das Volk äußerte sich nun auch unzufrieden über die Deutsche Bahn AG und ihre Manager. „Sie haben Ihren Laden nicht im Griff – treten Sie zurück, Herr Dr. Ludewig", forderte ein Bahnkunde aus Darmstadt.
Nicht nur die Prüfmethoden der Bahn wurden als unzureichend erachtet, das ganze sonst so sichere System der Eisenbahn wurde in Frage gestellt. Und der Öffentlichkeit wurden andere Mängel, die mit dem Unglück von Eschede in keinem Zusammenhang stehen, vorgeführt. Ende Juli präsentierte die ARD-Sendung „Monitor" ein schlampig recherchiertes Gemisch aus Halbwahrheiten über den ICE-2. Dessen Geschwindigkeit ist auf 200 km/h beschränkt, sofern der Zug vom Steuerwagen geführt wird, weil dieser gegenüber dem Triebkopf leichtere Steuerwagen windanfällig ist und beispielsweise beim Begegnen zweier ICE zu entgleisen droht.
Auch ohne diese Steuerwagen-Geschichte, das Ausmaß der Eschede der Katastrophe war für das Ansehen der Deutschen Bahn AG und ihres Fernverkehrs ein Desaster ersten Ranges. Und dies ausgerechnet in einem Jahr, das – laut Ludewig – zum Jahr einer Aufholjagd werden sollte! Im ersten Quartal 1998 hatte sich die Verkehrsleistung (das ist das Produkt aus der Zahl der Reisenden und der Entfernung) im Fernverkehr um 4,9 Prozent gegenüber dem Vorjahr verschlechtert. Zu diesem unbefriedigenden Ergebnis kamen nun der

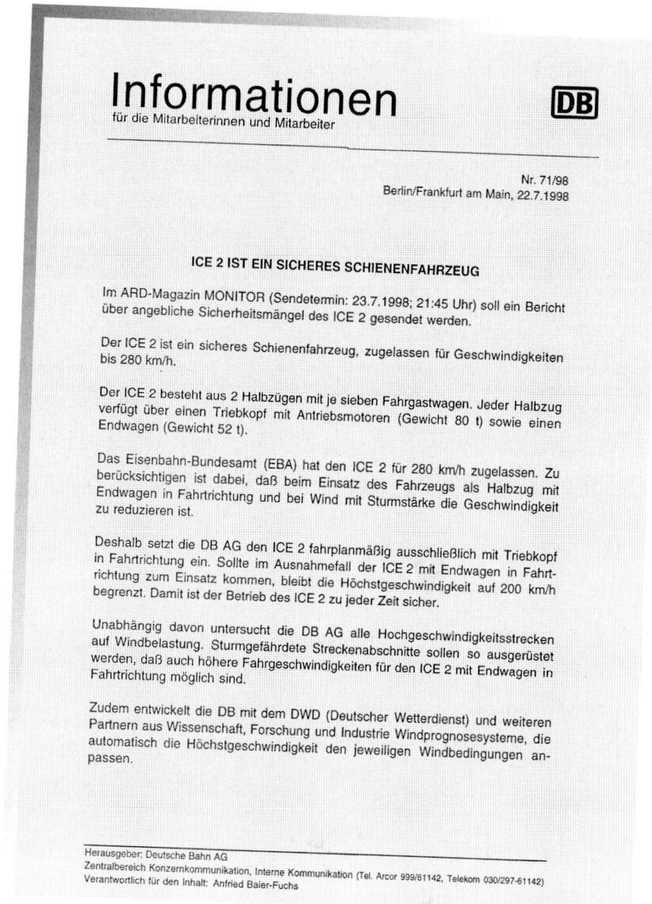

Informationen
für die Mitarbeiterinnen und Mitarbeiter
DB

Nr. 71/98
Berlin/Frankfurt am Main, 22.7.1998

ICE 2 IST EIN SICHERES SCHIENENFAHRZEUG

Im ARD-Magazin MONITOR (Sendetermin: 23.7.1998; 21:45 Uhr) soll ein Bericht über angebliche Sicherheitsmängel des ICE 2 gesendet werden.

Der ICE 2 ist ein sicheres Schienenfahrzeug, zugelassen für Geschwindigkeiten bis 280 km/h.

Der ICE 2 besteht aus 2 Halbzügen mit je sieben Fahrgastwagen. Jeder Halbzug verfügt über einen Triebkopf mit Antriebsmotoren (Gewicht 80 t) sowie einen Endwagen (Gewicht 52 t).

Das Eisenbahn-Bundesamt (EBA) hat den ICE 2 für 280 km/h zugelassen. Zu berücksichtigen ist dabei, daß beim Einsatz des Fahrzeugs als Halbzug mit Endwagen in Fahrtrichtung und bei Wind mit Sturmstärke die Geschwindigkeit zu reduzieren ist.

Deshalb setzt die DB AG den ICE 2 fahrplanmäßig ausschließlich mit Triebkopf in Fahrtrichtung ein. Sollte im Ausnahmefall der ICE 2 mit Endwagen in Fahrtrichtung zum Einsatz kommen, bleibt die Höchstgeschwindigkeit auf 200 km/h begrenzt. Damit ist der Betrieb des ICE 2 zu jeder Zeit sicher.

Unabhängig davon untersucht die DB AG alle Hochgeschwindigkeitsstrecken auf Windbelastung. Sturmgefährdete Streckenabschnitte sollen so ausgerüstet werden, daß auch höhere Fahrgeschwindigkeiten für den ICE 2 mit Endwagen in Fahrtrichtung möglich sind.

Zudem entwickelt die DB mit dem DWD (Deutscher Wetterdienst) und weiteren Partnern aus Wissenschaft, Forschung und Industrie Windprognosesysteme, die automatisch die Höchstgeschwindigkeit den jeweiligen Windbedingungen anpassen.

Herausgeber: Deutsche Bahn AG
Zentralbereich Konzernkommunikation, Interne Kommunikation (Tel. Arcor 999/61142, Telekom 030/297-61142)
Verantwortlich für den Inhalt: Anfried Baier-Fuchs

Interne Mitarbeiter-Information der Deutschen Bahn AG zum „Monitor"-Bericht über den ICE-2

„Die Bahn hat bisher von einem makellosen Image der Sicherheit gezehrt. Dieses Ansehen muß sie sich nun erst wieder neu erwerben.“
Stuttgarter Zeitung

Sachschaden sowie der Aufwand für die drei Rückrufaktionen von schätzungsweise 40 Millionen Mark, weitere Einnahmeausfälle durch verunsicherte Bahnkunden – allein im Juni 1998 etwa 45 Millionen Mark – und die Schadenersatzansprüche der vom Unglück Betroffenen. Alles Mehrausgaben mit drastischem Einfluß auf die DB-Bilanz des Jahres 1998! Die Vermutung, die Deutsche Bahn AG werde deshalb die Fahrpreise erhöhen, wurden bis zum Juli 1998 dementiert.

Bahnvorstand Ludewig appellierte an seine Eisenbahner, man müsse das Vertrauen in die Bahn zurückgewinnen, und er benutzte das früher bereits wiederholt vorgetragene Schlagwort „Sicherheit hat höchste Priorität“.

Trügerische Unfall-Statistik

Eigentlich konnte es dem Unternehmen nur recht sein, daß sich nach Eschede – ohne Zutun der Bahn! – die „Sicherer-als“-Diskussion neu belebte. Tatsächlich, die Unfälle statistisch betrachtet, schnitt der Schienenverkehr nie schlecht ab: 1995 verunglückten in der Bundesrepublik Deutschland je 1 Million Personenkilometer auf dem Schienenweg 0,0195 Menschen, im Luftverkehr sogar nur 0,0131 Menschen, auf der Straße aber 0,5264 Menschen.

Die bahninterne Zeitschrift „Bahn-Praxis“ schreibt in ihrer Ausgabe 4/98: „Die Zahl der bei Entgleisungen, Zusammenstößen, Aufprallen und Zusammenprallen (an Bahnübergängen) getöteten Reisenden lag seit 1991 zwischen 0 und 3 pro Jahr; jedoch mit zwei Ausnahmen: Aufprall auf einen abgerissenen Puffer (Northeim 1992) und Aufprall auf verlorene Rohre (Neustadt 1997). Bei der Entgleisung in Elsterwerda wurden zwar keine Fahrgäste verletzt, aber zwei Feuerwehrmänner verloren durch diesen Unfall ihr Leben. Im letzten Jahr kamen mehr Reisende bei Zugfahrten zu Schaden als in den Jahren zuvor.“

Bei der Interpretation dieser Feststellungen muß man berücksichtigen, daß in diesen Zahlen nicht die durch Arbeitsunfälle Getöteten (zum Beispiel Gleisbauarbeiter) und ebensowenig die an Bahnübergängen getöteten Kraftfahrer und ihre Beifahrer enthalten sind, sondern nur getötete „Reisende“ gezählt wurden.

Differenziert lesen muß man auch die anderen Erklärungen. Der „Entgleisung in Elsterwerda“ am 20. November 1997 folgten ein Brand von Kesselwagen und mehrere Explosionen, die Brandkatastrophe von Schönebeck (Elbe) 1996 und auch der Brand von Kesselwagen nach einem Zusammenstoß in Frankfurt (Main) Süd 1997 werden nicht erwähnt, obwohl jede dieser Städte am Rande eines Infernos unvorstellbaren Ausmaßes stand. Auch der Zusammenstoß eines Güterzuges mit einem Nahverkehrszug am 9. Dezember 1997 bei Hannover-Anderten mit anschließendem Brand der Kesselwagen findet keinen Platz in der Erläuterung der Unfallstatistik der „Bahn-Praxis“. Denn in beiden Fällen hatte es zum Glück keine Toten gegeben. Aber das Vertrauen in den siche-

ren Bahnverkehr war auch nach diesen Unfällen lädiert (siehe dazu auch das 3. Kapitel).
Zurück zu den für die Bahn auf den ersten Blick günstigen Unfall-Statitiken: Bei ihrer Bewertung muß man berücksichtigen, daß für den Luftverkehr große, für die Eisenbahn mittlere und für den Straßenverkehr kurze Reiseweiten typisch sind. Deshalb ist für die Wahrscheinlichkeit, im Verkehr verletzt oder getötet zu werden, die Bezugsgröße „Millionen Personenkilometer" nicht geeignet.
Überhaupt: Niemand tritt eine Reise an mit der Erwartung, als von der Statistik erfaßter Mensch nicht heil anzukommen.
In dieser Hinsicht besitzt die Eisenbahn einen großen Bonus. Durch die bewährte Technik ihrer Anlagen und Fahrzeuge, ihre Organisation, aber auch die große Redundanz ihrer Sicherungstechnik, die sich bei Störungen immer zur sicheren Seite auswirkt und die Fehlhandlungen weitgehend unterbindet, durch all diese Vorkehrungen erwartet jeder Reisende, daß er bei den Professionellen der Sicherheit in guten Händen ist. Anders als im Straßenverkehr, wo gegen menschliches Versagen kaum ein Kraut gewachsen ist, die Sicherheit fast allein auf Erfahrung, Beobachtung, Verantwortung beruht, erwartet jeder im Eisenbahnverkehr die absolute Sicherheit.
Gerade deshalb erschüttert die Zahl von 100 Toten (ein Schwerverletzter starb am 17. Juli, so daß die Zahl der Todesopfer von Eschede auf 101 wuchs), und niemand mag bedenken, daß eine solche Zahl Getöteter im Alltag des deutschen Straßenverkehrs binnen vier Tagen erreicht wird. Woche für Woche sterben auf den Straßen weit mehr Menschen als in Eschede Opfer zu beklagen waren!
Nun wäre es fatal, beriefe sich die Deutsche Bahn AG auf solche Unfallzahlen und ließe in ihren Bemühungen nach, die Sicherheit des Zugverkehrs zu verbessern. Eisenbahnunfälle, gar mit tödlichem Ausgang, verzeiht man keiner Bahnverwaltung. Erst recht nicht den Massenunfall, obendrein mit dem Prestigeobjekt ICE.
Ihr Ansehen verbessert die Deutsche Bahn AG nicht mit Hinweisen auf die große Zahl der sicher beförderten Reisenden oder die Menge transportierter Güter. Mit einer solchen Argumentation (1995 mehr als 1,3 Milliarden Reisende, 300 Millionen Tonnen in Güterzügen) reagierte am 29. Juli 1996 der DB-Zentralbereich Konzernkommunikation, als die Presseagentur dpa ein Gespräch mit Hans-Heinrich Grauf, Referatsleiter des Eisenbahn-Bundesamtes (der übrigens zwei Jahre später Leiter der Untersuchungskommission zum Unfall von Eschede wurde), unter der Überschrift „Sicherheitsrisiko Lokführer: Mit Blackout in die Katastrophe" veröffentlicht hatte.
In diesem Gespräch äußerte sich Grauf über mögliche Ursachen des wiederholten „Anfahrens gegen haltzeigende Signale" durch Lokomotivführer: „Die Aufteilung der Bahn in einzelne Unternehmenssäulen habe auch die Kommunikation verschlechtert, meint Grauf. ‚Viele treibt die Sorge um ihren Arbeitsplatz um.

„Wenn man den Grad der Sicherheit verdeutlichen will, muß man paradoxerweise von Unfallzahlen ausgehen, also vom Zustand der Unsicherheit reden, der konträr ist zu dem erstrebten gefahrlosen Eisenbahnbetrieb..."
Hans Pottgießer, *Beauftragter des Vorstandes der Deutschen Bundesbahn für Betriebssicherheit, 1974*

„Angesichts solcher Fehlleistungen steht auch Grauf häufig vor einem Rätsel: 'Ich gehe davon aus, daß die Lokführer erfahrene Leute und auch keine Selbstmörder sind', meint der Experte für Bahnunfälle. Natürlich hätten manche Lokführer aus persönlichen Gründen 'Aussetzer'. Immer öfter stießen die Unfallprüfer aber auch auf Fehler beim Bahn-Management, stellt Grauf fest. So gebe es Probleme mit der 'inneren Führung' bei der Deutschen Bahn AG, die zu Bundesbahn-Zeiten unbekannt gewesen seien. Die Aufteilung der Bahn in einzelne Unternehmenssäulen habe auch die Kommunikation verschlechtert, meint Grauf."
dpa *vom 29. Juli 1996*

„Trotz unserer hochtechnisierten Umwelt hat die Ursache 'Mensch' einen Anteil von etwa 40 Prozent aller Unfälle. Dieser Anteil ist deswegen so hoch, weil die Technik nicht nur fehlerfrei arbeitet, sondern auch einmal gestört ist oder ganz ausfällt. Dann muß ein Mensch die Verantwortung wieder voll selbst übernehmen. In vielen Fällen meint der Mensch auch, es besser zu wissen als die Technik, und setzt sich über sie hinweg."
***Bahn-Praxis** 4/1998*

Das führt dazu, daß die Leute nicht mehr so bei der Sache sind', berichtet Grauf unter Berufung auf Gespräche mit Lokführern", hieß es bei dpa.
Graufs Interview hatte damals viel Staub aufgewirbelt; Bundesverkehrsminister Matthias Wissmann soll sehr zornig gewesen sein über die Äußerungen des unerschrockenen EBA-Referatsleiters.
Inzwischen hat die Deutsche Bahn AG auf den Unfallschwerpunkt „Anfahren gegen haltzeigende Signale" reagiert, indem sie ihr induktives Zugsicherungssystem in Gestalt der erwähnten „PZ 90" verfeinerte und die technischen Verbesserungen in kurzer Zeit umsetzen will. Dadurch soll verhindert werden, daß ein Lokomotivführer nach dem Anhalten am Bahnsteig das haltzeigende Ausfahrsignal vergißt und trotz Zwangsbremsung in den Gefahrenraum eines entgegenkommenden Zuges gelangt.
Nur durch solche Vorkehrungen, durch perfekte Organisation und zuverlässige Technik, bleibt das Vertrauen in den sicheren Bahnverkehr. Wenn Bundesverkehrsminister Matthias Wissmann am 6. Juni 1998 im Fernsehen sagte, „das Vertrauen in unsere Bahn muß erhalten bleiben", ist das zu statisch gedacht. Vertrauen kann man schnell verlieren.
Trotz Eschede haben viele Bürger das Vertrauen in die Bahn nicht verloren. In Leserbriefen und in Interviews sagten sie: Wenn ich Furcht vor dem Bahnfahren haben sollte, dürfte ich auch nicht mehr über die Straße gehen.

Gefährlicher ICE, sicherer TGV?

Nach der Katastrophe von Eschede sind weitere zwei Seiten des Vertrauens in die Hochgeschwindigkeitszüge zu beleuchten. Zum einen, ob die deutsche Schienenfahrzeugindustrie von negativen Auswirkungen betroffen sein wird, zum anderen, ob auch andere Bahnen mit Hochgeschwindigkeitsverkehr einen Image-Schaden befürchten.
Einer der großen deutschen Fahrzeughersteller, der Siemens-Bereich Verkehrstechnik (Systemführer bei der Entwicklung und beim Bau des ICE), gab sich zurückhaltend, da die ICE nur

Der entscheidende Unterschied zwischen ICE und TGV: Beim deutschen Zug ruht jeder Wagen auf zwei eigenen Drehgestellen, während sich beim französischen auf ein „Jakobs-Drehgestell" jeweils zwei – erheblich kürzere – Wagenkästen abstützen

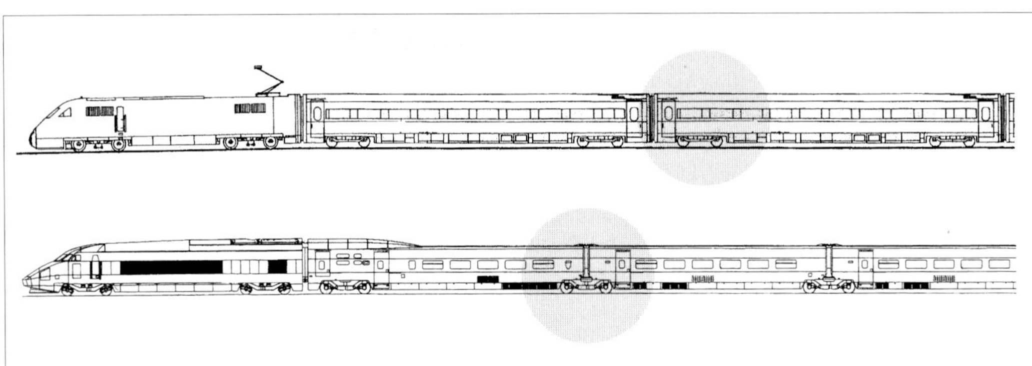

Hochgeschwindigkeitszüge in Europa mit Höchstgeschwindigkeiten von mehr als 200 km/h

Bahn	Baureihe	Höchstgeschwindigkeit in km/h
SNCF	TGV-PSE	270
SNCF	TGV-A	300
SNCF	TGV-Netz	300
BR	IC 225	225
SNCF, SNCB, BR	Eurostar	300
DB	ICE	280
RENFE	AVE	300
FS	ETR 450	250
FS	ETR 500	300
SJ	X 2000	220*)

*) geplant; derzeit 200 km/h

Es bedeuten: SNCF Société Nationale des Chemins de fer Français = Nationalgesellschaft der französischen Eisenbahnen, DB Deutsche Bahn AG, RENFE Red Nacional de los Ferrocarriles Españoles = Spanische Staatsbahnen, FS Ferrovie dello Stato Italiane = Italienische Eisenbahnen, SJ Statens Järnvägar = Schwedische Staatsbahnen, BR Britisch Railways = staatliche Eisenbahn des Vereinigten Königreichs von Großbritannien und Nordirland, SNCB Société Nationale des Chemins de fer Belges = Nationalgesellschaft der belgischen Eisenbahnen

einen geringen Teil seines Umsatzes ausmachen. Nachdem der ICE weder nach Südkorea noch in die USA exportiert wird (was nicht etwa daran lag, daß seine Technik dem französischen Konkurrenten TGV unterlegen war, sondern am größeren diplomatischen Geschick der Konkurrenten und an weiteren unglücklichen Zufällen), sollen Teile des ICE in Taiwan eingesetzt werden. Und zwar die ICE-Triebköpfe mit TGV-Doppelstock-Mittelwagen.

Bis zum Sommer 1998 war mit dem Taiwan High Speed Rail Consortium nur ein Vertrag über den Bau und Betrieb der etwa 345 km langen Hochgeschwindigkeitsstrecke Taipeh – Kaoshiung im Gespräch, über den „Eurotrain", wie die ICE-TGV-Zugkomposition bezeichnet wird, aber nicht endgültig entschieden.

Immerhin hatte der taiwanesische Auftraggeber das deutsche Eisenbahn-Bundesamt zur Katastrophe in Eschwege und ihrer Ursache konsultiert.

Andere Eisenbahnunternehmen mit Hochgeschwindigkeitsverkehr zeigten sich von Eschede mehr oder weniger betroffen, mußten doch auch sie befürchten, daß das Ansehen ihrer Hochgeschwindigkeitszüge leiden würde oder daß auch sie eines Tages von einer solchen Katastrophe betroffen sind. Die spanische Eisenbahngesellschaft RENFE ließ verlautbaren, sie glaube nicht, daß sich ein solches Zugunglück auf ihren Gleisen wiederholen könne, wenn es auch auf der 471 km langen Strecke Madrid – Sevilla 160 Brücken gibt, die denen von Eschede gleichen. Die RENFE mußte im Hochgeschwindigkeitsverkehr bisher einen Unfall hinnehmen, als am 7. Mai 1992 in Madrid-Atocha ein Zug entgleiste, aber niemand zu Schaden kam. Der fehlerhafte Austausch von Meßinstrumenten soll die Ursache gewesen sein.

Italiens Eisenbahn FS gilt in der Öffentlichkeit als unzuverlässig, wobei manches, was zu diesem fragwürdigen Ruf beiträgt, aufgebauscht ist. Federico N. Manzella, Mitarbeiter in der Direktion der FS, soll gesagt haben: „Sobald irgendwo auf einem Provinzbahnhof ein Güterwagen entgleist, ist von einem ‚schwarzen Tag' die Rede." Das Zitat bringt die Befindlichkeit der italienischen Medien wohl treffend auf den Punkt. Spektakulär war allerdings die Entgleisung des

„Der Sommerfahrplan 1988 brachte als große Neuerung den Einsatz von ETR-450-Triebwagenzügen zwischen Mailand und Rom. Auf der Direttissima fahren diese Züge mit 250 km/h, und auf den herkömmlichen Streckenabschnitten dürfen sie dank neigbarem Wagenkasten schneller durch die Kurven brausen.“
Werner Hardmeier, Ascanio Schneider:
Direttissima Italien. Zürich/Wiesbaden 1989

Expreßzuges ETR 460 „Botticelli“ Milano – Roma am 12. Januar 1997 bei Piacenza, bei der acht Menschen getötet und 25 verletzt wurden. Der Neigezug war in einem für 110 km/h zugelassenen Gleisbogen 60 km/h zu schnell gefahren. Pikanterweise hatte die Deutsche Bahn AG nach diesem Unfall erklärt, gerade in Sachen Tempo gehe man keinerlei Risiko ein.

Die japanischen Eisenbahnen, Vorreiter des Hochgeschwindigkeitsverkehrs, reagierten zurückhaltend. Im Bewußtsein, daß auch sie aus der Katastrophe möglicherweise Lehren ziehen könnten, hatten sie einen Vertreter aus Paris zur Beobachtung nach Eschede beordert.

Die Japaner sollen gegenüber dem beim ICE-1 verwendeten Rad mit Radreifen und Gummieinlage von Anfang an skeptisch gewesen sein. Ob sie allerdings Sicherheitsbedenken hegten, wurde nicht bekannt. Vermutlich war die japanische Ostbahn bei den Versuchen mit Radsätzen dieser Bauart an ihrem Hochgeschwindigkeitszug „Star 21“ enttäuscht, was die Reduzierung der Schwingungen betraf.

Dem Train a grande vitesse (TGV), Stolz der französischen Nation, waren schwerwiegende Unfälle oder sogar Katastrophen bisher erspart geblieben. Am 23. September 1988 prallte ein TGV bei einer Geschwindigkeit von 105,6 km/h auf einem Bahnübergang in Voiron bei Grenoble mit einem Sattelschlepper zusammen. Der Lokomotivführer und ein Reisender kamen ums Leben. Auch die Entgleisung des TGV 7150 Valenciennes – Paris wegen einer Gleisverwerfung nahe dem Bahnhof Ablaincourt-Pressoir am 21. Dezember 1993 bei Tempo 294 ging glimpflich ab. Fünf Reisende wurden verletzt.

Es ist mehr als reine Spekulation, wenn man feststellt, daß die Folgen des Radreifenbruchs beim ICE 884 weit weniger dramatisch gewesen wären, hätte sich die Entgleisung auf freier Strecke abgespielt – und daß der TGV 7150 in die Katastrophe gerast wäre, wenn ihm eine

Länge der europäischen Hochgeschwindigkeitsnetze Stand 1994

Bahn	Strecken für Geschwindigkeiten über 250 km/h, in km	Sonstige von Hochgeschwindigkeitszügen befahrene Strecken, in km	Zusammen, in km
SNCF	1232	4268	5500
DB	427	1755	2182 [1])
RENFE	471	0	471
FS	262	1682	1944
SJ		1089	1089
BR		777	777
SBB		249 [2])	249
Eurotunnel		50 [3])	50

[1]) Nur ICE-Verkehr; [2]) ICE und TGV; [3]) 200 km/h für die Züge „Eurostar“ geplant, derzeit 160 km/h

Die Folgen des Zusammenpralls eines mit 105,6 km/h fahrenden TGV mit einem Sattelschlepper 1988 in Frankreich. Der Lastwagen war mit einem Transformator beladen. Der Lokomotivführer und ein Reisender kamen ums Leben

Weiche und eine Brücke im Weg gestanden hätten...

Von mehreren Seiten wurde nach dem ICE-Unfall die besondere Bauart der TGV herausgestellt, die den Zug versteife und bei einem Zusammenstoß nicht wie einen „Zollstock" zusammenfalten lasse. Gemeint ist damit das sogenannte Jakobs-Drehgestell, dessen Merkmal die Abstützung zweier Wagenkästen auf einem gemeinsamen Drehgestell ist.

Auch deutsche Schnelltriebwagen besaßen Jakobs-Drehgestelle, wie der zweiteilige SVT „Hamburg" und der dreigliedrige SVT „Leipzig". Das Jakobs-Drehgestell ist aber nur bei Fahrzeugeinheiten vorteilhaft, die kaum getrennt werden (sonst müssen zum Rangieren Hilfstragwerke eingesetzt werden), die Handhabung der Jakobs-Drehgestelle in Werkstätten sowie bei der Auflösung und Zusammenstellung von Zügen ist sehr umständlich. Und sie können bei schweren Fahrzeugen nicht verwendet werden. Dann müssen die Massen der Fahrzeugeinheiten auf eigene Drehgestelle verteilt werden.

Im übrigen birgt das Prinzip des aus einzelnen, auf Drehgestellen laufenden Reisezugwagen zusammengestellten ICE auch zwei Sicherheitsaspekte: Kommt es im Laufe eines Unfalles zur Zugtrennung, bleiben jedem Zugteil die Laufwerke, während sich bei Fahrzeugen mit Jakobs-Drehgestellen zumindest ein Wagenkasten zwangsläufig in den Boden graben wird. Und: Züge wie der ICE lassen sich problemlos trennen, so daß z.B. bei einem Brand im Tunnel der nicht betroffene Zugteil die Gefahrenzone räumen könnte.

Die Behauptungen, Jakobs-Drehgestelle hätten in Eschede die Folgen des Zusammenstoßes mit der eingestürzten Brücke vermindert,

Das nach dem Masterplan vom 12. Juni 1990 vorgesehene 3560 km lange Streckennetz des TGV ist ein Gemenge aus Neubau-, Ausbau- und vorhandenen Strecken. Im endgültigen Zustand sollen sämtliche französische Wirtschaftszentren mit TGV-Zügen untereinander und mit dem Ausland verbunden sein.

Der speziell für den grenzüberschreitenden Einsatz unter mehreren Bahnstromsystemen konzipierte TGV „Thalys" kommt seit 1997 planmäßig auch nach Deutschland

sind fragwürdig. Die dem ICE innewohnende Energie mußte plötzlich abgebaut werden. Wäre dank der Drehgestellbauart die horizontale Bewegung (das „Zollstock"-Prinzip) nicht möglich gewesen, dann wäre der Zug wahrscheinlich in die vertikale Richtung auseinandergebrochen. Sicherlich mit nicht minder schweren Folgen.

Aber die ganz anders geartete Bauart des TGV bewog die öffentlichen Meinung zu der Vermutung, in Frankreich fahre man sicherer. Es wurde sogar behauptet, der Unfall des ICE sei auf einer Hochgeschwindigkeitsstrecke unmöglich, und man verwies auf den TGV, der nur auf eigens für ihn gebauten Strecken fahre. Das stimmt (abgesehen davon, daß die Ursache der Entgleisung in Eschede nicht mangelhafter Streckenausbau, sondern der gebrochene Radreifen war) überhaupt nicht. In Frankreich reichen die Hochgeschwindigkeitsstrecken von Paris nach Lyon, Le Mans, Tours und nach Lille. Die TGV-Züge aber verkehren bis nach Hendaye, Brest, Quimper, Dunkerque, Bern, Nice, Grenoble, Béziers und anderen Städten über gewöhnliche Strecken, auf denen 160 bis 230 km/h Geschwindigkeit erlaubt sind. Dort gibt es im übrigen auch schienengleiche Bahnübergänge, während diese in Deutschland auf Strecken, die schneller als mit 160 km/h befahren werden, nicht zulässig sind.

Auch in Italien fahren die Hochgeschwindigkeitszüge sowohl über Neubaustrecken als auch auf dem klassischen Eisenbahnnetz. In Schweden sind für den X-2000-Verkehr erst 200 km/h Geschwindigkeit erlaubt, zum Teil gibt es Streckenneubauten, zum größten Teil wird das bisherige Netz benutzt. Lediglich in Spanien fahren die Züge des Hochgeschwindigkeitsverkehrs, wie bereits bemerkt, ausschließlich über spe-

Parade der europäischen Hochgeschwindigkeitszüge: der französisch-britische „Eurostar“, der spanische AVE, der deutsche ICE, der schwedische X 2000, der italienische „Eurostar“ und der französische TGV-Duplex (v.l.n.r.)

zielle Gleise. Ihnen mangelt es jedoch – auch wegen der abweichenden Spurweite – an einer Verbindung zum übrigen Netz der RENFE.

Daß der ICE die Strecke Hannover – Hamburg-Harburg mit bis zu 200 km/h befährt, ist – auch im europäischen Maßstab – nichts Ungewöhnliches. Der Deutschen Bahn AG daraus einen Vorwurf zu machen, zeugt allenfalls von einer Unkenntnis des Eisenbahnwesens anderer Länder. Der Vorwurf ist noch aus anderen Gründen unpassend. Die Deutsche Bundesbahn hatte stets Wettbewerbsnachteile (u.a. Fahrwege aus der Gründungszeit der Eisenbahnen, keine vergleichbare Subventionierung des Ausbaus oder der Instandhaltung ihres Netzes wie beim Straßenverkehr) gegenüber anderen Verkehrsträgern hinzunehmen. Ihr wurde nicht mit „dirigistischen“ Maßnahmen des Staates geholfen, etwa – wie in der DDR – daß der Güterkraftverkehr nur bis zu bestimmten Entfernungen erlaubt ist. Vielmehr wurde die Bahn aufgefordert, sich dem Markt zu stellen. Das konnte sie nur, indem sie die Reisezeiten verkürzte, und dazu war der Ausbau der bestehenden Strecken für höhere Geschwindigkeiten notwendig. Bei Hannover – Hamburg handelt es sich keineswegs um eine „gewöhnliche“ Strecke, sondern um eine Ausbaustrecke, die für die Höchstgeschwindigkeit von 200 km/h hergerichtet worden ist. Zu den 1970 einsetzenden Ausbaumaßnahmen gehörten ein verbesserter Unter- und Oberbau sowie die den höheren Geschwindigkeiten angepaßte Sicherungstechnik, zum Beispiel die Linienförmige Zugbeeinflussung (LZB).

Die LZB ist bei Geschwindigkeiten von mehr als 160 km/h gesetzlich vorgeschrieben, ist es doch dem Lokomotivführer dann unmöglich, den Zug innerhalb des üblichen Abstandes von 700 bis 1000 m zwischen Vor- und Hauptsignal zum Halten zu bringen. Er benötigt eine „Signalsicht“ über mindestens zwei Blockabschnitte hinweg. In der Praxis ist die Signalbeobach-

„Die Kosteneinsparungen durch den Verzicht auf Blocksignale auf den Neubaustrecken sind nicht unerheblich. Beispiel: Auf der Schnellfahrstrecke Fulda – Würzburg brachte der Verzicht auf 120 Haupt- und Vorsignale Einsparungen, die annähernd so hoch sind wie die gesamten streckenseitigen Investitionskosten für LZB."
Florian Kollmansberger,
Bundesbahn-Zentralamt München, in: DB-Praxis 2/1990

tung nicht mehr nötig, über zwei Blockabschnitte auch nicht möglich, so daß dem Lokomotivführer im Führerraum neben der Ist-Geschwindigkeit ständig die Soll-Geschwindigkeit angezeigt wird. Diese Angaben sichern den Raumabstand, das heißt, daß sich immer nur ein Zug in einem Blockabschnitt befindet.

Ein Linienleiter im Gleis erfaßt alle 100 m die Züge, übermittelt diese „Standorterfassung" an den Rechner in einem Stellwerk. Dieser Rechner prüft kontinuierlich die Soll- und Ist-Geschwindigkeit der im Bezirk fahrenden Züge und übermittelt dem Lokomotivführer im Führerraum, ob er die Geschwindigkeit beibehalten kann oder ermäßigen muß. Reagiert der Lokomotivführer nicht entsprechend, kommt es zur Zwangsbremsung des Zuges. Die Linienzugbeeinflussung ist „narrensicher", aber entgegen einigen öffentlich geäußerten Meinungen dient sie nicht der Erfassung aller möglichen Betriebszustände des Zuges. Darauf wird noch eingegangen.

Für den ICE gibt es praktisch keine ungeeignete Strecke, er kann fast überall fahren, wo elektrische Fahrleitungen hängen. Lediglich sein Vorteil der hohen Geschwindigkeit geht dort verloren, wo die Strecke nicht dafür aus- oder neugebaut ist. Deshalb kann man den ICE auch nach Garmisch-Partenkirchen oder nach Cottbus einsetzen. Ob das sinnvoll ist, ist eine andere Frage. Die Sicherheit des Zuges und seiner Fahrgäste ist bei Einsätzen auf Strecken, die nur mit Geschwindigkeiten bis 120 oder 160 km/h befahren werden dürfen, jedenfalls genausogut oder genausowenig beeinflußt wie auf Strecken mit 200 oder 280 km/h zulässiger Geschwindigkeit (siehe dazu auch das Kapitel 6).

Wenn wir TGV und ICE hinsichtlich ihrer Sicherheit vergleichen und zur Kenntnis nehmen, daß beide Züge sowohl auf speziell für sie gebauten Hochgeschwindigkeitsstrecken als auch über mehr oder weniger ausgebaute Gleisen fahren, dann stellt sich die Frage, ob der Umstand, daß der TGV bisher von Unfällen größeren Ausmaßes verschont geblieben ist, zufällig oder zwangsläufig ist. Sicherlich wird niemand bei der Nationalgesellschaft der Französischen Eisenbahnen SNCF glauben, ihr Renommierobjekt sei vor einer Katastrophe gefeit. Und nach Eschede hat das auch keiner der französischen Fachleute behauptet.

3. Pleiten, Pech und Pannen

Die Bilder aus Eschede könnten symbolisch sein, symbolisch für eine ausgeträumte Fortschrittsgläubigkeit. Das Desaster mit dem Hochgeschwindigkeitszug veranlaßt aber auch einige, nicht nur Journalisten, über die Deutsche Bahn AG nachzudenken. Welchen Weg ist sie seit der Fusion von Deutscher Bundes- und Deutscher Reichsbahn, seit ihrer Gründung am 1. Januar 1994 gegangen?

Schein und Sein der neuen Bahn

In vier Jahren wurde bei der Deutschen Bahn AG so gut wie alles umgekrempelt, weg von der vielgeschmähten Behördenbahn zum zwar nicht privaten (weil noch immer vollständig im Bundeseigentum befindlichen), aber doch wenigstens zum marktwirtschaftlich orientierten Unternehmen.
Wer 1994 mit 1998 vergleicht, spürt und sieht auch als Außenstehender die gewaltigen Veränderungen, die sich nicht allein auf Äußerlichkeiten wie die neue Dienstkleidung, das Firmenzeichen und die neuen Fahrzeuge beschränken. Intern dürfte vor allem die Umstellung von der eng verzahnten Bahnverwaltung auf streng abgegrenzte Unternehmensbereiche und eine Vielzahl von Tochtergesellschaften auffallen. Was nicht zum „Kerngeschäft" gehörte und sich nicht leicht verkaufen ließ, wie der Stückgutdienst und das bahninterne Fernsprechnetz, ging in der Bahn mehr oder weniger nahestehenden Unternehmen ein.
Nicht alles geriet zum Vorteil und keineswegs wurde das Ziel der Bahnreform, nämlich mehr Verkehr auf die Schienen zu holen, erreicht. Weil die verkehrspolitischen Flanken fehlen, ist allenfalls eine Unternehmensreform geblieben. Das Gegenteil von „mehr Verkehr" ist der Fall; die Bahn verliert Stück um Stück Anteile am Verkehrsgeschäft.
Die Überzahl der Eisenbahner steht der „Reform" skeptisch gegenüber, nicht wenige wünschen sich gar „die alten Zeiten" zurück. Sie sind die Leidtragenden des gewaltigen Rationalisierungs- und Modernisierungsschubes bei der Bahn, sie sind durch den daraus zwangsläufig folgenden gnadenlosen Personalabbau verunsichert und befinden sich zum Teil in innerer Emigration. 1993 versicherte Bundesverkehrsminister Wissmann: „Wenn wir heute über die Durchführung der Bahnreform entschieden haben, dann haben wir auch Zukunftsperspektiven für 400 000 Arbeitsplätze eröffnet." Doch bis zum Ende des ersten Halbjahrs 1998 blieb lediglich 210 000 Eisenbahnern der Arbeitsplatz.
Während erfahrene Eisenbahner in den Vorruhestand, zum Dienstleistungszentrum Arbeit (dem internen Arbeitsamt der Bahn) oder zum Arbeitsamt geschickt werden, finden sich für Seiteneinsteiger gutbezahlte Posten bei der Bahn. Mit dem Einsatz von Seiteneinstei-

„Das Problem der inneren Bahnreform muß bewältigt werden. Die Bahn muß aktiver, wettbewerbsfähiger gemacht werden, und wir müssen erreichen, daß sie nicht als 'Arme-Leute-Fahrzeug' betrachtet wird. So kann das Hauptziel 'Mehr Verkehr auf die Schienen' erreicht werden.
Es gibt zwar eine Aufbruchstimmung pro Bahn, aber die Produktivität ist zu niedrig. Das Personal muß um 100 000 reduziert werden, da aber der natürliche Abgang nur bei 18 000 bis 20 000 liegt, muß an Vorruhestands- und Abfindungsregelungen gedacht werden.
In den nächsten Jahren stehen Organisationsänderungen en masse an, auch um die BD-Probleme (BD = Bundesbahndirektion – E. P.) zu knacken, das waren ja Eisenbahnen für sich."
Bahnchef ***Heinz Dürr*** *auf der 24. Konferenz des Deutschen Reisebüros DER 1994*

„Es gibt viele Dinge, die nicht zum Inkrafttreten der neuen Fahrdienstvorschrift fertig werden. So helfen wir uns mit Überbrückungsmaßnahmen, die auf Ausnahmegenehmigungen beruhen. Dies betrifft zum Beispiel die Zugmeldebücher. Es gibt keine Bahnhofsbücher mehr, diese werden durch örtliche Richtlinien ersetzt – nur haben wir die noch nicht erhalten, sie sind immer noch in Arbeit. Es geht in dem neuen Laden Deutsche Bahn so vieles durcheinander."
***Ewald Sch.**, Leipzig, in einem unveröffentlichten Leserbrief 1998*

gern in Führungspositionen sollte sich der Kampf mit der Beamtenmentalität leichter gewinnen lassen, doch inzwischen machen sich die Folgen vieler sachfremder Entscheidungen bemerkbar, mit der einseitigen Fixierung vieler Bahnmanager auf die Ergebnisse ihres Unternehmensbereiches nimmt die Verantwortungslosigkeit gegenüber dem Gesamtunternehmen zu. Krönung dieser Entwicklung: Chef des Geschäftsbereichs bzw. der Aktiengesellschaft, die unter anderem für die technische Sicherheit zuständig ist, sollte ein Finanzfachmann der Autoindustrie werden...

Für die angeführten Thesen einige Beispiele aus dem Alltag der Eisenbahner. Der Personalchef der Deutschen Bahn AG, Dr. Horst Föhr, gab der Redaktion „Monitor" des Westdeutschen Fernsehens ein Interview zum Fehlbestand von bundesweit 349 Lokomotivführern und behauptete vor der Fernsehkamera, ein Lokomotivführer sei nur in 35 Prozent der Arbeitszeit mit dem Fahren beschäftigt. Folglich, so Föhr, seien noch genügend Produktionsreserven gegeben. Noch vor der Sendung dementierte Föhr seine Aussagen, wobei er die durchschnittliche Fahrleistung eines Lokomotivführers (40 600 km) mit der eines Lkw-Fahrers (120 000 km) verglich.

Weil sich die Geschäftsbereiche über die Zuordnung der Aufsicht nicht einigen konnten, wurde sie abgeschafft. Behauptet wurde, statt dessen gäbe es mehr „Service-Kräfte", als sei das die einzige Aufgabe der Aufsicht. Sie war einst als Vertreter des Bahnhofsvorstehers in der Öffentlichkeit geschaffen worden, war wie ein Fahrdienstleiter ausgebildet, aber nicht nur im Betriebsdienst, sondern auch im Verkehrsdienst und stand auf größeren und mittleren Bahnhöfen den Reisenden wie den Eisenbahnern zur Verfügung. Seit Wegfall der Aufsicht ist außer dem Zugbegleitpersonal keine kompetente Person auf dem Bahnsteig.

In Bad Liebenwerda sollte die Ladestraße umgebaut werden. In der Runde zur Planungsvorbereitung der Stadt traten Ende März 1998 zehn Vertreter der Deutschen Bahn AG auf, die entweder die Sitzung verließen oder erklärten, sie hätten über die Zuständigkeiten den Überblick verloren.

Auch der DB-Vorstandsvorsitzende Johannes Ludewig mußte im Offenen Brief an die „lieben Mitstreiter bei der Bahn" vom 2. April 1998 feststellen: „Einige Mitarbeiter haben sehr deutlich gesagt, daß sie häufig den Eindruck haben, Vorgesetzte seien ‚zu weit weg vom Schuß' und kennen sich vor Ort wenig aus. Dies führe zu Fehlentscheidungen von Vorgesetzten und Frustration bei den Mitarbeitern. Die Zusammenarbeit zwischen den Bereichen sei zum Teil von Unkenntnis und vor allem Unwillen geprägt, wodurch der Eindruck entstehe, daß ‚die Eisenbahnerfamilie auseinanderfällt'."

Dort ist die Deutschen Bahn AG 1998 angelangt, und der zerstörte ICE mag für manch einen Eisenbahner ein Symbol dafür sein.

Den diversen Aussendungen der Marketing-Leute vom Fernsehspot bis zur Zeitschrift „Zug" steht jeweils eine widersprüchliche Wirklichkeit gegenüber:

- Bequeme, schnelle Züge, viele moderne Fahrzeuge ... und ein

Nahverkehr mit Durchschnittstempo 30.

- Glänzende Einkaufshallen in Leipzig Hbf ... und unzählige verlassene, verwahrloste Bahnhöfe.
- Flotter Taktverkehr in Ballungsgebieten ... und ein marktfremder Zwei-, sogar Vierstundentakt bei Nahverkehrs- und Interregio-Zügen „auf dem flachen Land".
- Glückliche Reisende ... und solche, die für teures Geld nicht einmal in der 1. Klasse des ICE am Platz bedient werden.

Was dieses Bild mit der Katastrophe von Eschede zu tun hat, sei erst einmal dahingestellt, bis die restlose Aufklärung von Ursache und Schuldfrage bekanntgeworden ist (siehe auch 4. Abschnitt). Aber Eschede hat eine Reihe anderer Ereignisse im Zugbetrieb aus der Erinnerung verdrängt, die mit dem oben Angeführten durchaus im Zusammenhang steht. Denn durch einige aufsehenerregende Unfälle wurde der Widerspruch zwischen der „modernen Bahn" und dem wirklichen Betriebsgeschehen deutlich, das noch nicht von der Technik, sondern von Eisenbahnern beherrscht wird.

Während man stolz auf die moderne Bürokommunikation, auf die flächendeckende Anwendung des Mobilfunks, auf elektronische Buchfahrpläne, auf selbsttätig signalgeführte Triebfahrzeuge und vieles mehr ist, wird der Mensch, der Eisenbahner vergessen.

Das zeigte sich auch zum Fahrplanwechsel am 24. Mai 1998, der nicht nur in Berlin, sondern an mehreren Verkehrsknoten mit einem heillosen Durcheinander anlief. In Berlin sollte nach zweijähriger Sperrung der Stadtbahn zwischen Berlin Ostbahnhof und Berlin Zoologischer Garten der Fernverkehr am 24. Mai 1998 wieder in Betrieb gehen und das zum Fest werden. Tatsächlich erlebte Berlin die „Chaostage", denn nichts lief mehr.

Während die Ursache der Stadtbahnverstopfung zunächst auf den Ausfall des Zugfunks, auf verspäteten Dienstantritt einiger Zugpersonale und schließlich auf die Technik eines neuen Stellwerks in Berlin-Rummelsburg geschoben wurde, trat eine Expertenkommission zur Untersuchung der Ursachen an, deren Leiter aus Frankfurt am Main nach Berlin geflogen kam. Die Bahnfahrt wollte er sich nicht zumuten.

Auch diesmal mußte Ludewig – einen Tag vor der Katastrophe von Eschede – feststellen, daß es nicht nur technische Gründe für das Versagen gab, sondern „eine nicht immer funktionierende Zusammenarbeit zwischen den Bereichen sichtbar wurde". Den Fahrdienstleitern des Rummelsburger Stellwerks hatte die Einweisungszeit mit einigen Triebwagen- und anderen sporadischen Zugfahrten auf der Stadtbahn nicht genügt, um den Fünf-Minuten-Verkehr in beiden Richtungen zu beherrschen.

Leute, die die Eisenbahn wie ein Kaufhaus führen wollen, scheinen nicht zu wissen, das auch ein Kaufhaus nicht ohne Personaltraining und „Probelauf" eröffnet wird. Nicht einmal neue Hotels wie das Berliner „Adlon" probieren das in der Art der Stadtbahneröffnung, sie lassen sich beim schrittweisen Anlauf des Betriebes mehrere Monate Zeit. Dabei hätten die Manager vom Chaos bei der Stell-

„Eine Kette unterschiedlicher Gründe hat offenbar zu den Schwierigkeiten beim Fahrplanwechsel geführt. Wir werden die Ursachen genau erforschen und analysieren, damit sich ein solches Desaster nicht wiederholt. Eines allerdings kann man jetzt schon sagen: Daß die Mitarbeiter vor Ort trotz ihres enormen Engagements letztlich nicht 'Herr des Geschehens' waren, hat nicht nur technische Gründe."

„Im Vorfeld des Fahrplanwechsels wurden Fehler gemacht, die dazu führten, daß alle Ihre Anstrengungen nur zum Teil erfolgreich sein konnten – wenn überhaupt. Wir haben in der Vorbereitungsphase die Erfordernisse des Verbundsystems Eisenbahn nicht genügend berücksichtigt."

Aus Offenen Briefen ***Johannes Ludewigs*** *vom 2. Juni 1998 an alle Mitarbeiterinnen und Mitarbeiter der Deutschen Bahn und an die Mitarbeiterinnen und Mitarbeiter der Deutschen Bahn in Berlin und Brandenburg*

Am 26. August 1997 fuhr der Leerpersonenzug 34511 durch den Bahnhof Klosterfelde, ohne daß der Fahrdienstleiter die Abfahrt oder Durchfahrt erlaubt hätte. Planmäßig hätte der Leerzug mit der Regionalbahn 16505 zu kreuzen gehabt. So stießen die Züge auf einem unübersichtlichen Abschnitt der Strecke Berlin-Karow – Groß Schönebeck zusammen. Sieben Menschen wurden verletzt, zwei davon schwer

werksinbetriebnahme in Hamburg-Altona gewarnt sein müssen. Und auch die Stellwerksinbetriebnahme in Hannover Hbf verlief keineswegs problemlos ab.

Unfälle und Beinahe-Katastrophen

Daß den Männern und Frauen in einem der verantwortungsvollsten Berufe, dem des Lokomotivführers, das Ludewig-Schlagwort „Sicherheit hat höchste Priorität" allein nichts nützt und daß die Technik es allein auch nicht richtet, zeigen die folgenden Unfälle der letzten Jahre.

Schneverdingen an der Strecke Soltau (Han) – Buchholz (Nordheide) wurde am 15. Juni 1995 zum Schauplatz eines schweren Unglücks. In Schneverdingen zeigte das Ausfahrsignal dem Zug 4912 nach Buchholz vermeintlich „Fahrt frei". Triebwagenführer Sch. schloß die Türen und fuhr ab. Acht Meter vor dem Ausfahrsignal steht ein Bahnübergangs-Überwachungssignal, zu dem die Gleismagnete für die Punktförmige Zugbeeinflussung gehören. Sie kontrollieren, ob der Lokomotivführer die Stellung des Ausfahrsignals und die Stellung des Überwachungssignals beachtet hat und übermitteln auf dem induktiven Wege die Befehle an die Fahrzeugeinrichtung, gegebenenfalls löst einer der Magnete die Zwangsbremsung aus. So auch bei diesem Zug. Zwar hatte der Triebwagenführer die Wachsamkeitstaste der induktiven Zugbeeinflussung als Bestätigung bedient, daß er das Bahnübergangsüberwachungssignal („Halt vor dem Bahnübergang! Weiterfahrt nach Sicherung") beachtet hatte, doch das Ausfahrsignal hatte er nicht beachtet. Das zeigte nämlich „Halt" und nicht „Fahrt frei", wie Sch. glaubte.

Nach wenigen Metern Fahrt setzte also die Zwangsbremsung ein. Sch. fluchte, kümmerte sich aber nicht um den Grund dieser Bremsung, sondern glaubte an eine Störung. Er löste die Bremsen aus und fuhr weiter, sah das zweite Bahnübergangsüberwachungssignal, das vermeintliche Bahnübergangsüberwachungs-Wiederholungssignal, das weißes Blinklicht zeigte: „Der Bahnübergang darf befahren werden". Dieses Signal galt aber dem entgegenkommenden Zug, den Sch. plötzlich sah.

Die Wucht des Zusammenstoßes bei 32 km/h Geschwindigkeit des einen und 17 km/h des anderen Zuges zertrümmerte die Fahrzeuge und verletzte den Triebwagenführer T. sehr schwer. Getroffen hatte es außerdem über fünfzig Schüler und Lehrer – mehrere ebenfalls sehr schwer – im Zuge.

Am 20. Januar 1995 hielt in Cölbe (Strecke Kassel – Gießen) der Nahverkehrszug 8610, ein Wendezug, am Bahnsteig. Er sollte durch den Schnellgüterzug 51754 Heidelberg – Kassel überholt werden. Das Ausfahrsignal am Gleis des Nahverkehrszuges zeigte „Halt", das am benachbarten Gleis „Fahrt". Dieses Signalbild bezog der Zugführer des Nahverkehrszuges auf seinen Zug. Er gab dem Lokomotivführer den Abfahrauftrag, und der fuhr ab, erhielt zwar durch den Gleismagneten am Ausfahrsignal die Zwangsbremsung, kam jedoch erst im Fahrweg des Güterzuges zum Stehen. Der Lokomotivführer des Güterzuges erkannte die Gefahr, bremste, konnte aber den Zusammenstoß nicht verhindern. Ein Reisender wurde schwer, 17 Reisende wurden leicht verletzt.

Auf einigen Strecken, die zur Deutschen Reichsbahn gehörten, fehlt die Punktförmige Zugbeeinflussung, so daß der Zusammenstoß zweier Züge zwischen Kleinfurra und Sondershausen (Strecke Nordhausen – Erfurt) am 5. Juni 1996 nicht verhindert werden konnte und drei Menschen ihr Leben einbüßten. Der Lokomotivführer war in Kleinfurra abgefahren, obwohl das Ausfahrsignal „Halt" zeigte. Auch die offenen Schranken waren ihm kein Anhalt, daß die Ausfahrt unzulässig war. Da er zu den Getöteten gehörte, konnte er nicht erklären, warum er abgefahren war.

Am 16. Oktober 1995 wurde der Interregio Chemnitz – Aachen über die Strecke Werdau – Mehltheuer umgeleitet. In Teichwolframsdorf sollte der Regionalbahnzug die Kreuzung mit dem Interregio abwarten. Der Zugführer gab den Abfahrauftrag, obwohl er auf diesem Bahnhof, dem die Ausfahrsignale fehlen, nicht dazu berechtigt war. Das wäre Sache des Fahrdienstleiters gewesen. Doch der Lokomotivführer störte sich nicht an solcher Kompetenzüberschreitung; auch glaubte er, der Interregio sei verspätet und die Kreuzung nach Werdau (Sachs) verlegt worden. Der Zusammenstoß verletzte vier Menschen schwer (wovon der Zugführer starb) und zwölf leicht.

Am 21. Juli 1995 gab der Zugführer

„100 Prozent Sicherheit ist Utopie; nicht jedes Risiko kann ausgeschlossen werden: Nicht bei der Bahn und sonstwo auch nicht – leider. Das öffentliche Interesse konzentriert sich deshalb nach schweren Eisenbahnunfällen besonders auf solche Unfallursachen, die als 'menschliches Versagen' bezeichnet werden."
Peter Münchschwander
in Bahn-Praxis 8/1993

Flammendes Inferno auf dem Bahnhof Elsterwerda: Nach einer Entgleisung explodierten am 20. November 1997 zwei benzingefüllte Kesselwagen und setzten mehrere Gebäude in Brand. Zwei Feuerwehrmänner kamen bei den Löscharbeiten ums Leben

auf dem Bahnhof Zellkirch-Brombach (Strecke Eberbach – Hanau Hbf) dem Triebwagenführer eines Regionalbahnzuges den Abfahrauftrag, obwohl das etwa 350 m entfernt stehende Ausfahrsignal „Halt" zeigte. Der Zug fuhr ab und stieß mit dem einfahrenden Regionalexpreß zusammen. Es gab 29 Verletzte unter den Reisenden.

Der Zusammenstoß in Garmisch-Partenkirchen am 12. Dezember 1995 erregte nur deshalb besonderes Aufsehen in der Öffentlichkeit, weil durch ihn der „Gläserne Zug" schwer getroffen wurde. In ihn bohrte sich ein aus dem Bahnhof ausfahrender Regionalexpreß, wobei ein Reisender starb, 52 Reisende wurden, zum Teil lebensgefährlich, verletzt. Auch hier gab der Zugführer das Abfahrsignal, obwohl das Ausfahrsignal „Halt" zeigte. Und der Lokomotivführer fuhr ab.

Am Prellbock des Bahnhofs Olching endete am 11. Mai 1995 die Fahrt eines Durchgangsgüterzu-

ges, weil dessen Lokomotivführer das „Halt" des Ausfahrsignal nicht beachtet hatte.

Das sind nur einige Beispiele aus einer Serie „Anfahren gegen haltzeigende Signale". Als Gegenmittel will die Deutsche Bahn AG eine neue, verfeinerte Punktförmige Zugbeeinflussung einsetzen, die PZ 90 genannt wird. Sie berücksichtigt das zwischenzeitliche Halten des Zuges beispielsweise am Bahnsteig, wenn das Ausfahrsignal Halt zeigt und der Lokomotivführer zwar die Warnstellung des Vorsignals bestätigt, dann aber vergessen hat. Und sie berücksichtigt die enorme Beschleunigung moderner Triebwagen, die bisher trotz Zwangsbremsung über den Schutzraum hinter dem Haltsignal, den Durchrutschweg, hinausrutschten.

Ein weiterer Schwerpunkt der letzten Jahre waren die Unfälle mit Gefahrgut, allesamt Beinahe-Katastrophen. Der Prolog – ohne Gefahrgut, aber nicht minder

Nur knapp entrannen die 300 Reisenden des Regionalexpreß 5354 am 9. Dezember 1997 in Hannover einer Katastrophe. Ihr Zug war mit einem Kesselwagenzug zusammengestoßen. Fünf seiner Wagen gerieten in Brand und drohten zu explodieren

gefährlich – mag der Brand eines Münchner S-Bahn-Zuges am 10. Mai 1996 auf dem Haltepunkt Isartorplatz gewesen sein, bei dem zwölf Personen Rauchvergiftungen erlitten. Durch ihn war die im Tunnel verlaufende Stammstrecke fast 35 Stunden lahmgelegt. Ursache war ein Lichtbogenüberschlag innerhalb des Transformatorenkessels, eigentlich der falsche Einbau des Rückschlagventils, so daß der Kühlkreislauf im Transformator unterbrochen war.

Zur Flankenfahrt zweier Güterzüge kam es wegen einer Signalverwechslung am 9. Mai 1996 auf dem Bahnhof Frankfurt (Main) Süd. Die Bevölkerung wurde gebeten, die Fenster und Türen zu schließen, da einer der Wagen mit einem Aluminiumgranulat beladen war, das umgepumpt werden mußte. Der Bahnhof wurde bald darauf erneut zum Ort eines Umweltunfalls. Am 18. Februar 1997 stießen wieder zwei Güterzüge wegen vermutlich derselben Ursache wie am 9. Mai 1996 zusammen, und rund 85 000 Liter Benzin entzündeten sich. 300 Bewohner angrenzender Wohnhäuser mußten evakuiert, die Strom- und Gasversorgung im Stadtteil Sachsenhausen abgeschaltet werden.

Bis zum Manuskriptschluß stand der Termin einer Gerichtsverhandlung, bei der möglicherweise neben der Unaufmerksamkeit des Lokomotivführers das Verschulden anderer Stellen der Bahn festgestellt wird, noch nicht fest.

Am 1. Juni 1996 entgleisten auf dem Bahnhof Schönebeck (Elbe) (Strecke Halle [Saale]- Magdeburg) zwölf von 18 mit Vinylchlorid beladene Kesselwagen. Ein Kesselwagen stieß gegen einen Mast der elektrischen Fahrleitung, und sein Inhalt geriet schlagartig in Brand. Durch die Wucht der ineinandergeschobenen Wagen wurden vier Behälter aufgerissen, auch diese brannten.

Die Entgleisung – als Ursache wurde später ein gebrochener Radreifen an einem belgischen Wagen vermutet – weitete sich zum größten deutschen Gefahrgutunfall aus, zu einer Beinahe-Brandkatastrophe, wie Fachleute schreiben. Die überwiegend aus Chlorwasserstoff bestehende Schadstoffwolke richtete in den Kleingärten neben dem Bahnhof großen Schaden an. 21 Menschen mußten sich in ärztliche Behandlung begeben.
Ein am 20. November 1997 in den Bahnhof Elsterwerda einfahrender Kesselwagenzug entgleiste wegen überhöhter Geschwindigkeit. Zwei der mit Benzin beladenen Wagen explodierten und setzten Bahngebäude in Brand. Zwei Feuerwehrleute wurden bei den Löscharbeiten getötet. Nach bisherigen Ermittlungen ist auf dem Bahnhof Berlin-Grünau die Bremsprobe versäumt worden, so daß der Zug ohne Druckluft in den Bremsapparaten abfuhr und die Bremsen wirkungslos blieben.
Am Abend des 9. Dezembers 1997 stießen in Misburg (Strecke Hannover – Braunschweig) ein Güterzug und ein Regionalexpreß zusammen. 106 Reisende wurden leicht verletzt, der Lokomotivführer des Personenzuges schwer. Der aus den Kesselwagen laufende Dieselkraftstoff geriet in Brand.
Der Lokomotivführer des Güterzuges sollte die Vorbeifahrt des Personenzuges abwarten, entsprechend zeigten das Ausfahrsignal „Halt“ und das zugehörige Vorsignal die Warnstellung. Der Lokomotivführer reagierte auch auf das Vorsignal, indem er die Wachsamkeitstaste bediente, anschließend aber nicht bremste, sondern die Geschwindigkeit sogar erhöhte. Trotz der Zwangsbremsung am Ausfahrsignal rutschte er in den Durchrutschweg, der Zusammenstoß ließ sich nicht aufhalten.
Da das Ermittlungsverfahren mit einem Strafbefehl und einer Geldstrafe beendet wurde, ist das seltsame Verhalten des Lokomotivführers nicht aufgeklärt worden.
Die Folge der Gefahrgutunfälle wurde „unterbrochen“ durch ein anderes tragisches Ereignis bei Neustadt (Strecke Kassel – Gießen). Dort verlor am 5. Juli 1997 ein Güterzug die komplette Ladung Rohre eines Wagens einschließlich ihrer Ladungssicherung. Dieser Absturz führte zum Absturz weiterer zwei Rohre des folgenden Wagens, wovon eines sich in den entgegenkommenden Regionalexpreß bohrte. Sechs Reisende wurden getötet, zwölf teilweise schwer verletzt. Nach bisherigen Ermittlungen war die Ladungssicherung nicht sachgemäß.

„Ereignisse“ auch beim ICE

Wer diese Unfallschilderungen liest, mag meinen, der ICE war von diesen Schattenseiten des Eisenbahnbetriebes ausgenommen. Tatsächlich, ihn hatte noch kein schwerer Unfall getroffen; auch hatte es die Deutsche Bahn AG bisher mit einigem Aufwand verstanden, von ihm die Grafitti-Schmierereien fernzuhalten, obwohl es in der „Szene“ ein Gebot von 10 000 Mark geben soll für den, dem es gelingt, sein „Kunstwerk“ an einem ICE anzubringen.

„Während der Vorbeifahrt des Zuges KC 72271 am Stellwerk Mf des Bahnhofs Misburg in km 34,949 bemerkte der Fahrdienstleiter bei der Zugbeobachtung, daß der Zug mit unverminderter Geschwindigkeit weiterfuhr. Unmittelbar darauf wurde auf dem Stelltisch das Auffahren der Weiche 6 angezeigt. Da er eine Betriebsgefahr für den einfahrenden Zug RE 5354 befürchtete, gab er über Zugfunk einen Nothaltauftrag für diesen Zug ab. Das gelang jedoch nicht rechtzeitig...“
Aus dem Untersuchungsbericht zu gefährlichen Ereignissen im Eisenbahnwesen

„Hilfssperre als 'Vergreifschutz' am Fahrstraßenhebel hätte die Kausalkette der Fehlhandlungen unterbrochen."
Aus dem Untersuchungsbericht zum ICE-Unfall in Hanau

Dennoch, von den Widerwärtigkeiten des Eisenbahnbetriebes blieb auch der ICE nicht verschont. Die Deutsche Bahn AG verstand es, solche Ereignisse nicht an die große Glocke zu hängen. Der Probezug Intercity-Experimental entgleiste am 3. September 1986, dem ersten Tag einer zweiwöchigen Versuchsphase, auf dem Bahnhof Burgsinn, weil jemand beim Rangieren des Versuchszuges eine ortsbediente Weiche unter dem Fahrzeug gestellt hatte.

Pech hatte die Deutsche Bundesbahn auch bald nach Aufnahme des öffentlichen ICE-Verkehrs, als es am 26. Juni 1991 nachts auf der Hochgeschwindigkeitsstrecke Kassel – Göttingen im Tunnel bei Jühnde zum Zusammenstoß zweier Schnellgüterzüge gekommen und dadurch der Tunnel unbefahrbar geworden war. Ein Lokomotivführer war nach der von der Linienzugbeeinflussung ausgelösten Zwangsbremsung weitergefahren, nachdem er eine entsprechende Taste bedient hatte.

Am 25. März 1993 traf es in Hanau (Strecke Frankfurt am Main – Kassel) den ICE „Diamant", unter dem bei einer Fahrt auf Ersatzsignal (bei der die Fahrstraße nicht blockelektrisch gesichert, das heißt verschlossen ist) eine Weiche unzeitig gestellt wurde. Daraufhin entgleiste der letzte Mittelwagen bei einer Geschwindigkeit von 35 km/h mit zwei Drehgestellen.

Die Strecke blieb tagelang gesperrt, zu Personenschaden kam es nicht. Überhaupt wurde der Vorfall wenig ernst genommen. Lediglich einige Reisende beklagten sich, die aus dem entgleisten Wagen umsteigen mußten und sich über die mangelnde Hilfe der Bundesbahnbeamten ärgerten. In der „Frankfurter Allgemeinen Zeitung" las man am 27. März 1993 folgenden Bericht: „Der ICE von Frankfurt nach Kassel rollt mit Verspätung in Fulda ein. Der Zug ist überfüllt. Selbst in der ersten Klasse sitzen Reisende auf den Trittstufen der Ausgänge. Trotz des Gedränges herrscht feuchtfröhliche Ausgelassenheit. Eine Klassenfahrt, ein Betriebsausflug? Nein, es sind die Davongekommenen des glimpflich ausgegangenen Zugunglücks von Hanau. Bei Tempo 249 feiern sie mit einem brausenden Fest ihren zweiten Geburtstag."

Weniger feiern konnten die am 6. März 1992 im ICE „Amalienburg" Eingeschlossenen. Im Speisewagen hatte in die elektrischen Leitungen eingedrungenes Wasser einen Kurzschluß ausgelöst und die gesamte Zugelektrik stillgelegt. Nach kurzer Zeit entluden sich die Batterien, fielen das Notlicht und die Klimaanlage aus. Wegen fester Bremsen konnte der Zug nicht abgeschleppt werden. Die Reisenden mußten vier Stunden im kalten Zug ausharren.

Fast fünf Jahre später ein gleicher Skandal. Am 23. Dezember 1996 beherrschten wechselweise Frost und Regen das badische Land. Die Vereisung der Straßen und Bahnanlagen führte schließlich dazu, daß die sonst stark belegte Rheintalstrecke von 15.26 Uhr bis 21.58 Uhr unterbrochen war und einige tausend Reisende des Festverkehrs aufgehalten wurden. Das

Ereignis wäre, obwohl eigentlich schlimm genug, der Presse kaum mehr als eine Lokalnachricht wert gewesen, wäre nicht das Flaggschiff der Deutschen Bahn betroffen gewesen. Zwischen Rastatt und Baden-Baden war von einem die Strecke flankierenden Wald eine vereiste Baumkrone abgebrochen und mit dem ICE „Helvetia" so zusammengeprallt, daß der etwa 6 m lange Stamm über den Triebkopf geschleudert wurde und bei der Berührung der Oberleitung im Nachbargleis ebenfalls einen Kurzschluß auslöste.

Wie beim ICE „Amalienburg" saßen die Reisenden bei stetig sinkenden Innentemperaturen, ausgefallener Beleuchtung und ohne ausreichende Information fest. Auf den ersten Blick ein unglaublicher Vorgang. Doch was war die Alternative? Weiterfahrt mit Hilfe einer Lokomotive? Evakuierung der Fahrgäste? Wurde das überhaupt versucht, oder versagte die Organisation der Deutschen Bahn AG?

Die hochgewirbelte Baumkrone hatte die Oberleitung beschädigt, und es war zu Kurzschlüssen infolge der Überschläge der Oberleitung gekommen. Nach diesen Kurzschlüssen konnte man im Unterwerk Karlsruhe den gestörten Bereich nicht, wie gewöhnlich (ein ferngesteuerter Vorgang), freischalten, denn die dazu erforderlichen Masttrennschalter waren ebenfalls vereist. Deshalb mußte die Speiseleitung abgeschaltet werden, worauf einige Weichenheizungen im Bahnhof Rastatt ausfielen, eine Auswirkung, die der Fahrdienstleiter zunächst nicht bemerkte, die aber noch Folgen haben sollte.

Ein Notfallmanager (er tritt bei der Deutschen Bahn an die Stelle des früheren Leiters an der Unfallstelle) begab sich im Pkw von Karlsruhe über die spiegelglatte Autobahn zur Unfallstelle. Unterwegs geriet er nicht nur in ein Verkehrschaos, sondern wurde Zeuge mehrerer Unfälle, leistete bei einem sogar Erste Hilfe. Zu dieser Zeit fuhr auf dem Schienenweg ein Turmtriebwagen nach Rastatt, mit dessen Hilfe die Oberleitung in Ordnung gebracht werden sollte.

Knapp anderthalb Stunden nach dem Zusammenprall klapperte es über den Köpfen der im ICE Sitzenden. Hoffnung kam auf, daß man bald weiterfahren werde. Das erwies sich bald als Illusion! Die Einsatzkräfte krochen auf allen Vieren über das vereiste Dach des Hochgeschwindigkeitszuges, um die Baumkrone zu entfernen und den in der Oberleitung verfangenen Bügel des Stromabnehmers zu trennen. Die Oberleitung war bereits auf dem Dach festgefroren, abgesehen davon, daß auch zwei Oberleitungsmaste umgerissen worden waren. Die heldenmütig ausgeführten Behebung dieser technischen Störung verdient Respekt, doch es fehlten Entscheidungen, wie der Zugbetrieb weitergehen sollte. Das mag an der wiederholt falschen Einschätzung gelegen haben, wann auf dem Streckengleis Baden-Baden – Rastatt wieder Züge fahren könnten, und an der Disposition, welche Lokomotive den ICE aus dem stromlosen Abschnitt schleppen könne. Da in Karlsruhe kein Lokomotivführer zu finden war, der mit einer Streckendiesellokomoti-

„Durch die Witterungsverhältnisse konnte der Triebfahrzeugführer das Fahrzeug nicht mit der vollen Schubkraft beschleunigen. Um ein Schleudern der Räder zu vermeiden, fuhr der Zug nur mit einer Geschwindigkeit von ca. 150 km/h [...]. Kurz nach Verlassen des Bahnhofs Rastatt wurde dem Triebfahrzeugführer über das Bordinformationssystem DAVID eine Fahrzeugstörung angezeigt. Wegen der Störungsmeldung war der Triebfahrzeugführer kurzzeitig nicht ausschließlich auf die Streckenbeobachtung fixiert. Als er jedoch das Hindernis bemerkte, leitete er sofort eine Schnellbremsung ein, die er durch Sanden unterstützte, und senkte den vorderen Stromabnehmer."

Aus dem Bericht zum Bahnbetriebsunfall am 23. Dezember 1996 auf der Strecke Karlsruhe – Rastatt – Offenburg

„Bei allen Unregelmäßigkeiten gehört die kundengerechte Reisendeninformation und Betreuung zu den vordringlichen Aufgaben. Auch nach Aufteilung der Deutschen Bahn in verschiedene Geschäftsbereiche mit der Schaffung zahlreicher Stellen, die ausschließlich für den Service zuständig sind, hat das Informationssystem völlig versagt. Für den Kunden waren die bruchstückhaften Informationen mit vagen Aussagen über den weiteren Ablauf nicht ausreichend. Es muß hierbei aber berücksichtigt werden, daß die tatsächlichen Hintergründe über die ständigen Verzögerungen selbst dem für die Information zuständigen Personal nicht wirklich bekannt waren."

Aus dem Bericht zum Bahnbetriebsunfall am 23. Dezember 1996 auf der Strecke Karlsruhe – Rastatt – Offenburg

ve der Baureihe 218 den ICE hätte holen können, entschloß man sich, den ICE nach Rastatt zu ziehen, nicht aber von einer 218, sondern von zwei Rangierlokomotiven.

Deren Abfahrt verzögerte sich aber wegen der abgeschalteten Weichenheizungen. Mühselig mußten die Weichen gangbar gemacht werden. Als schließlich die Lokomotiven vier Stunden nach dem Unfall am ICE eintrafen, stellte man fest, daß sich die automatische Kupplung der Rangierloks nicht mit der ICE-Notkupplung verbinden ließ. Schließlich fuhren die beiden Lokomotiven nach Baden-Baden, um eine Lokomotive der Baureihe 110 als Zwischenlokomotive zu holen.

Im ICE hatte sich inzwischen ein Solidargemeinschaft der Reisenden gebildet, die ob der ungenügenden Betreuung mit ihrer Geduld am Ende war. Wie aber konnte die Bahn ihren Kunden aus der Klemme helfen? Angesichts der vereisten Straßen, der engen Waldwege an der Unfallstelle und der wiederholten Einschätzung, es werde bald weitergehen, wäre die Evakuierung des ICE verantwortungslos gewesen. Man konnte bei der Dunkelheit außen und im Zuge die Reisenden nicht einfach aus dem Zug springen lassen und das Gepäck hinterher werfen. Aber Betreuung mit Worten und Taten (Decken, Essen) wäre schon möglich gewesen. Zumindest hätte jemand den Reisenden erklären können, warum es zu ständigen Verzögerungen mit der Weiterfahrt kam.

Auch dieser Unfall zeigt, daß die beste Technik und die vermeintlich gute Vorbereitung auf die Widrigkeiten des Winters nichts nützen, wenn beim „Finale" die Organisation mangelhaft ist. Wer aber will die Frage schlüssig beantworten, ob man sich auf solch einen Fall, wie dem liegengebliebenen ICE „Helvetia", überhaupt vorbereiten kann? Im Sommer 1998 hat die Deutsche Bahn AG in Frankfurt (Main) die Evakuierung eines ICE geübt. Neben den Zug wurde ein Interregio gestellt, Übergangsbrücken verbanden die Einstiege. Etwa 200 Lehrlinge simulierten die Besetzung des Zuges. Die Evakuierung nahm knapp zwei Stunden in Anspruch!

4. Vorhersehbar? Vermeidbar?

Die Nachrichten von der Katastrophe waren kaum verklungen, die Bilder aus Eschede im Fernsehen noch zu sehen, da fragte sich die Nation: Wie konnte das geschehen? Befriedigende Antworten sind in den ersten Stunden und auch Tage nach solchen Unfällen kaum zu erwarten, weil oft der Eisenbahnfachmann selbst noch im Dunkeln tappt, erst einmal den Hergang rekonstruieren und Beteiligte hören muß.

Gewohnte Rituale: Nichts wissen, nichts sagen...

Deshalb und weil es bei der Deutschen Bahn AG bereits ein Ritual geworden ist, in der Öffentlichkeit nicht zur Aufklärung von Eisenbahnunfällen beizutragen, sahen wir von ihren Frontmännern am Bildschirm das Gewohnte. Zuerst den Ausdruck von Bestürzung und Betroffenheit, danach das Nein zu bestimmten Mutmaßungen und schließlich das Schweigen unter Hinweis auf noch nicht abgeschlossene Untersuchungen. Eine solche Schweigepflicht besteht nach der Strafprozeßordnung nicht, erleichtert aber das Verhalten jener Mitarbeiter, gegen die möglicherweise ermittelt wird. Das Schweigen der Bahnzentrale soll außerdem dazu beitragen, daß das Unglück in der Öffentlichkeit vergessen wird, daß Fragen nach Versäumnissen, Schuldigen und Konsequenzen nachlassen und schließlich ausbleiben. Die Bürger werden täglich über Ereignisse in aller Welt informiert, ihre Erinnerung an früheres Geschehen verblaßt; sie halten früher Geschehenes auch nicht mehr für so wichtig. Und Eisenbahner sagen oft, es kann geschehen, was will, es ändert sich ja doch nichts.

Ganz im Widerspruch zu diesem Ritual steht die Antwort vom 2. Februar 1994, die Dieter Metz, Geschäftsbereich Netz der Deutschen Bahn AG, auf eine Anfrage zu den tödlichen Unfällen bei Bahnunterhaltungsarbeiten gab: „Im übrigen werden nach schweren Eisenbahnunfällen Hergang, Folgen und Ursachen dieser Ereignisse der Öffentlichkeit durch Fernsehen, Rundfunk und Presse rasch zugänglich; soweit weitere Details zu auslösenden und mitwirkenden Ursachen noch von Belang sind, wird die DB AG darauf verweisen müssen, daß der Abschluß der Untersuchungen von Amts wegen stets abzuwarten ist (sic!)." Die Deutsche Bahn AG überläßt es, wie zuvor die Deutsche Bundesbahn, den Redaktionen, über Hergang, Folgen und Ursachen von Ereignissen mehr oder weniger – meist weniger – sachkundig zu berichten; sie selbst trägt dazu nicht bei.

Bisher sind jedenfalls keine Presseinformationen erschienen, die über Eisenbahnunfälle aufklärten oder zumindest die Version der Bahn zu Hergang und Ursache wiedergaben. Die Taktik, durch Schweigen und Verweis auf

„Das Restrisiko bleibt eine unbekannte Größe. Wir sind uns viel zuwenig bewußt, welche Gefahrenpotentiale mit den technischen Errungenschaften verbunden sind, die wir täglich nutzen. Wir müssen uns davon verabschieden, daß alles vorhersehbar und beherrschbar ist."
Prof. Gerhard Banse,
Technikphilosoph, im Nachrichtenmagazin „Focus"

„Anschläge auf Bahntrassen in Niedersachsen, Baden-Württemberg und rund um Berlin haben am Montag den Bahnverkehr zeitweise lahmgelegt und im gesamten Bundesgebiet erhebliche Verspätungen verursacht. Eine Bahnsprecherin sagte in Frankfurt am Main, nahezu der gesamte Fernverkehr sei betroffen gewesen. Bei den Anschlägen waren die Oberleitungen der Züge beschädigt worden. Menschen wurden nicht verletzt. Die Polizei prüft nach ersten Hinweisen, ob erneut Gegner der Castor-Transporte ins atomare Zwischenlager Gorleben verantwortlich sind."
***AP** vom 7. Oktober 1996*

laufende Ermittlungen auf Zeit und Vergessen zu setzen, scheint aufzugehen, denn wer fragt jetzt noch nach den Ursachen und Konsequenzen nach den schweren Eisenbahnunfällen von 1996 und 1997? Zu Schönebeck (Elbe) nicht, zu Frankfurt (Main) Süd, Elsterwerda und Neustadt nicht. Allenfalls erscheint eines Tages eine Meldung auf der Seite „Vermischtes" oder auf der Lokalseite. Was in Misburg ablief, interessierte nur noch die lokale Presse, weder die Deutsche Bahn AG noch die Justiz trugen zur wirklichen Aufklärung des Zugzusammenstoßes (siehe Seite 63) bei.
In Eschede konnte der für den Geschäftsbereich Netz zuständige Vorstand Peter Münchschwander in den ersten Stunden sicherlich kaum etwas über den Hergang und die Ursache der Katastrophe sagen. Und als er es hätte können, standen nur noch der über Hochgeschwindigkeitsstrecken und -züge wenig informierte Chef Johannes Ludewig und der ebenfalls kaum im Stoff stehende Forschungs- und Technologie-Vorstand Roland Heinisch zu Antworten zur Verfügung. Die Regie des Vorstandes und seines Zentralbereiches Konzernkommunikation unterband, daß irgendein Spezialist für den Hochgeschwindigkeitsverkehr erschien.
Peter Münchschwander konnte in den ersten Stunden nach dem Unfall einiges ausschließen, was es an Vermutungen und Gerüchten zur Ursache der Katastrophe gab:

- Ein Verkehrsunfall auf der Brücke mit Absturz eines Fahrzeugs in die Gleise – nein, einen Verkehrsunfall hatte es nicht gegeben, das auf der Brücke geparkte Fahrzeug gehörte zu den Eisenbahnern des Instandhaltungsdienstes,
- Eingriff der Instandhaltungs-Eisenbahner in den Zugverkehr – nein, sie waren mit Wartungsarbeiten an einem Kabelschrank beschäftigt, außerhalb der Gleise
- Überhöhte Geschwindigkeit des Zuges – nein, das hätte die Linienzugbeeinflussung mit einer Zwangsbremsung verhindert,
- Unzeitiges Umstellen einer Weiche – nein, das wäre nur möglich gewesen, wenn Einfahr- bzw. Ausfahrsignal nicht mehr auf Fahrt standen. Der Fahrdienstleiter hatte die Signale erst auf Halt gestellt, als der Unfall bereits eingetreten war.

So blieb zu untersuchen, ob es einen Eingriff Dritter in den Eisenbahnbetrieb gegeben hatte. Für diese Vermutung bestand eine gewisse Berechtigung, waren doch Gleise und Züge der Deutschen Bahn AG wiederholt Objekte von Anschlägen der, wie man vermutet (gefaßt und verurteilt wurde bislang niemand) in Niedersachsen besonders aktiven Castor-Gegner. Mit Hakenkrallen in der Oberleitung soll der Zugverkehr lahmgelegt werden, weil sich der Stromabnehmer der Lokomotive oder des Triebwagens in ihnen verfängt und die Oberleitung herunterreißt. Ein solcher Eingriff lag in Eschede nicht vor, aber sollten sich Attentäter diesmal vielleicht einer anderen Methode bedient haben, um den Zug zum Entgleisen zu bringen?
Wie die Auffassungen der Fachleute zum Hergang und zur Ursache der Katastrophe in den ersten Stunden danach auch gewesen sein mögen, die Tragik des Peter

Münchschwander bestand darin, daß er in Eschede quasi vor den Trümmern seines Lebenswerkes, des deutschen Hochgeschwindigkeitsverkehrs, stand, an dessen Aufbau er maßgeblich beteiligt war und – zum Beispiel bei der Schnellbahn Hannover – Berlin – noch ist.

1982 hatte man ihn als Stellvertretendes Mitglied des Vorstandes der Deutschen Bundesbahn berufen, zuständig für die Informations- und Steuerungssysteme, den Hochgeschwindigkeitsverkehr der 90er Jahre und die Inbetriebnahme von Neu- und Ausbaustrecken sowie den Ost-West-Eisenbahnverkehr. 1991 wurde er Vorstand der Deutschen Reichsbahn für die Bereiche Betrieb und Bau, Technische Dienste und Einkauf sowie gleichzeitig Aufsichtsratsvorsitzender der Planungsgesellschaft Bahnbau Deutsche Einheit. Ein Jahr darauf besaß er die Doppelfunktion, Vorstand der genannten Ressorts von Deutscher Bundes- und Reichsbahn zu sein. Seit 1994 war er Vorstand der Deutschen Bahn AG für den Geschäftsbereich Netz.

Nun stand er in Eschede – neben ihm tauchte für Minuten der erst wenige Tage zuvor berufene Vorstand Fernverkehr Dr. Axel Nawrocki auf –, und er wird die Mitteilungen über die Spuren rund 6 km vor den Trümmern zu deuten gewußt haben. Der schnelle Eisenbahnverkehr hatte auch für Peter Münchschwander die Unschuld verloren.

Was in den Gleisen gefunden wurde und wie die Untersuchungskommission die Ursache und den Hergang rekonstruierte, ist im 1. Abschnitt berichtet worden. Der – vorläufige – Bericht des Eisenbahn-Bundesamtes findet sich als Anlage zu diesem Buch. Was dort zum Geschehen in Eschede dargestellt wird, ist in Sekunden, wenn nicht in Bruchteilen davon, abgelaufen. In winzigen Details mag es anders gewesen sein. Unter den Mitgliedern der Untersuchungskommission gibt es zu Details Meinungsverschiedenheiten etwa der Art, ob der Wagen 4 durch den Zusammenprall von Wagen 3 an der Brücke vom Zug abgerissen wurde oder erst nachdem die Brückentrümmer auf Wagen 5 fielen und dadurch die Kupplung zwischen Wagen 4 und 5 übermäßig beansprucht wurde.

Einig sind sich bisher die Fachleute, daß der gerissene Radreifen das Chaos ausgelöst hat. Diese Ursache hat die Öffentlichkeit zu mancherlei Spekulation veranlaßt, wodurch ihr die Eisenbahnräder, die Radreifen und auch die „Schnellfahrweichen" bekannt wurden, Einrichtungen der Eisenbahnen, für die sich bislang kaum jemand interessiert hat.

Ungeachtet des Berichtes vom Eisenbahn-Bundesamt bleiben Fragen offen, zuvörderst die nach der Schuld. Ist der Bruch eines Radreifens höhere Gewalt, ein technisches Versagen (Materialermüdung etwa), mit der wir uns abzufinden haben? Wie ist der Stand der Technik? Wurde er von den Verantwortlichen für den Hochgeschwindigkeitsverkehr sträflich mißachtet? Die Frage nach der strafrechtlichen Verantwortlichkeit führt zu den Pflichtverletzungen, zum Verschulden des Einzelnen und zu den kausalen Zusammenhängen zwischen

„Es ist Aufgabe der Fachleute für das Eisenbahnwesen, die zu treffenden Sicherheitsmaßnahmen zu bestimmen. Der Richter prüft nur die Vollständigkeit, Schlüssigkeit und ausreichende Begründung der Entscheidung über die Sicherheitsmaßnahme."
Fritz Pätzold *in der Zeitschrift „Die Bundesbahn", Darmstadt, 1/1983*

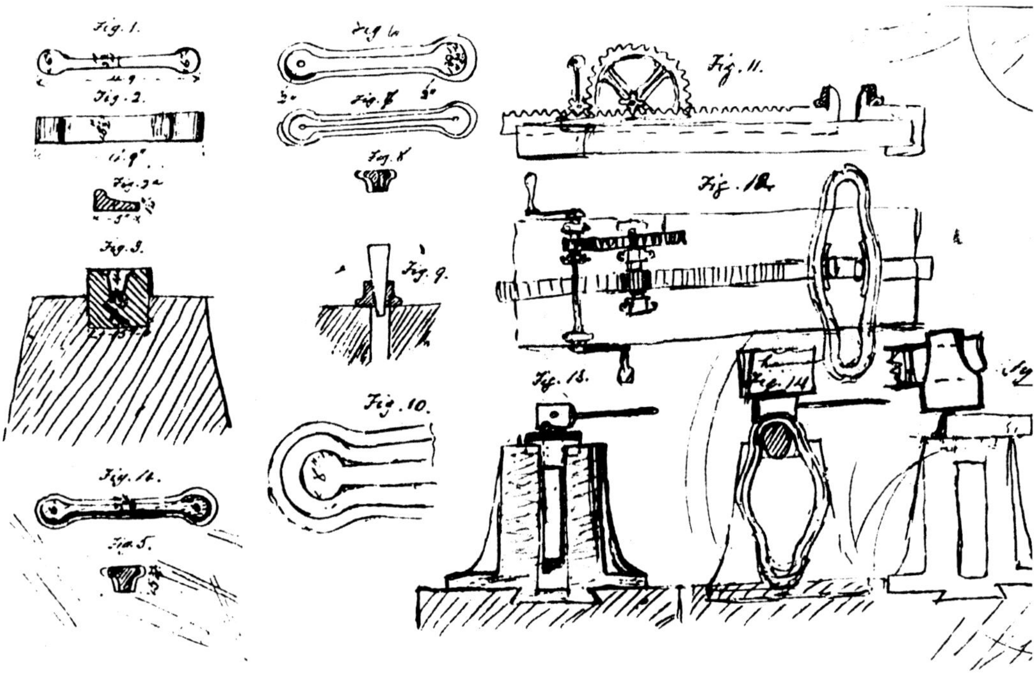

Auf dieser Skizze Alfred Krupps beruhte die Erfindung des nahtlosen Radreifens

Pflichtverletzung, Schuld und den schlimmen Folgen.

Das Ausmaß der Katastrophe, des größten Eisenbahnunfalls in Deutschland nach 1945, verlangt nach einer rückhaltlosen Aufklärung, wie sie auch Johannes Ludewig versprochen hat. Bleibt zu erwarten, daß Kriminalpolizei und Justiz dieser Aufklärung nicht mit der aufschiebenden Routine nachgehen, wie sie bei Fahrlässigkeitsstraftaten üblich und deshalb so langwierig geworden ist (zwei Jahre zwischen Unfall und Prozeß sind in der Bundesrepublik das gängige Maß).

Das die Katastrophe auslösende Fahrzeug, der Wagen 1, wurde zur Rheinisch-Westfälischen Technischen Hochschule Aachen gebracht, wo das Laufwerk einer Untersuchung unterzogen wird und die Grundlage eines professoralen Gutachtens liefert.

Das Eisenbahnrad

Zu Unfällen wegen gebrochener Räder kam es in den Anfangsjahren der Eisenbahn häufig. Damals bestanden die Eisenbahnräder aus eisernen geschmiedeten Segmenten, die von einem kreisförmig gebogenen und an den Enden verschweißten Reifen zusammengehalten und mit ihm durch Schrauben und Nieten verbunden wurden. Die Wagen fuhren anfangs mit Speichenrädern, dann mit gußeisernen Scheibenrädern, bis ein deutsches Patent zu Speichenrädern führte, die „unter 1500 t Druck" nahtlos aus einem Stück gepreßt werden konnten.

1852 bot Alfred Krupp den nahtlos gewalzten Gußstahlreifen an, wofür ihm am 28. Dezember 1852 das Patent erteilt wurde. Im selben Jahr folgte der Bochumer Verein mit dem nahtlosen Reifen aus Tie-

gelstahl. 1879 kam der Sprengring als Element der zuverlässigen Verbindung von Radreifen und Radkörper hinzu.
Weil immer wieder im harten Eisenbahnbetrieb die Radkörper brachen und deswegen Lokomotiven oder Wagen entgleisten, wurde ständig an der Verbesserung der Räder geforscht. Die Entwicklung wandte sich vom Radsatz mit dem aufgeschrumpften Radreifen und dem eingelegten Sprengring ab und führte in den zwanziger Jahren – Vorreiter waren die Eisenbahnen der USA – zu den Monobloc-Radsätzen (auch Monoblock geschrieben), welche sich in Europa nach dem Zweiten Weltkrieg mehr und mehr durchsetzten.
Das Monoblock- oder Vollrad wird aus einem Stück hergestellt; der Radreifen muß nicht extra aufgezogen werden, er kann sich dann auch nicht beim langanhaltenden Bremsen lösen, wie das immer wieder vorkam. Weil es keine Schrumpfverbindung zwischen Radkörper und Radreifen gibt, ist der Monoblock-Radsatz um 170 kg leichter gegenüber dem mit bereiften Radsatz. Auch die Lebensdauer ist länger als bei bereiften Rädern.
Aber auch Monoblockräder haben ihre Nachteile. Zum einen sind auch sie nicht vor Rissen und schließlich vor dem Auseinanderbrechen gefeit. Gerade im Güterzugbetrieb ist es immer wieder zu schweren Unfällen wegen Bruchs der Radscheibe gekommen.
Ein weiterer Nachteil des Monoblock-Rades spricht zu Gunsten des Rades mit Radreifen: Das Profil

Die letzten fünf Wagen eines Güterzuges entgleisten am 20. Februar 1988 im Bahnhof Andernach. Die linksrheinische Strecke war dadurch längere Zeit gesperrt. Als Ursache wurde der Presse eine „gelöste Achse“ angegeben

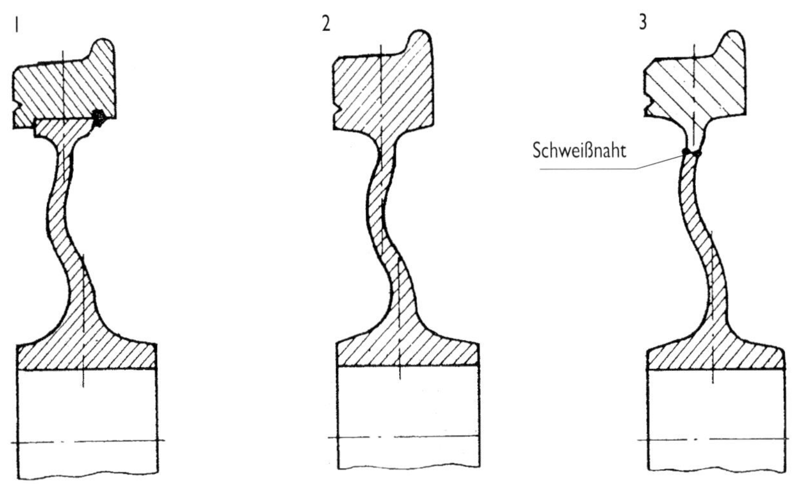

Verschiedene Wagenräder im Schnitt:
1 Rad mit aufgeschrumpftem Radreifen
2 gewalztes Vollrad (Monoblock-Rad)
3 Vollrad mit aufgeschweißtem Laufkranz

12 Menschen verloren ihr Leben bei dieser Entgleisung am 25. April 1988 bei Sorø (Strecke Kopenhagen – Korsør). Ein Wagen legte sich quer, obwohl keine Brückenpfeiler am Gleis standen

des Rades muß regelmäßig wiederhergestellt werden, da sich die Lauffläche eines jeden Rades, auch des Monoblockrades, im Betrieb abnutzt.

Warum ist das Profil so wichtig? – Der Spurkranz an der Innenseite führt das Rad auf der Schiene. Bei Geschwindigkeiten von 200 bis 250 km/h gewährleistet er noch eine zwei- bis dreifache Entgleisungs- und eine sieben- bis zehnfache Kippsicherheit. Um im geraden Gleis auch bei hohen Fahrgeschwindigkeiten einen ruhigen Lauf zu erreichen, wird die Lauffläche der Räder kegelförmig abgedreht, damit der Radsatz immer wieder zur Gleismitte zurückgeführt wird. Die Radreifenneigung dient außerdem beim Befahren von Gleisbögen zum Ausgleich der unterschiedlichen Weglängen auf der inneren und äußeren Schiene.

Um die Laufruhe zu verbessern, die durch seitliches Anlaufen bedingten Schlingerstöße zu dämpfen und den Verschleiß zu mindern, sind wiederholt die Maße für die Radprofile verändert worden. Hinzu kommt, daß bereits während des Einlaufens – auf den ersten 1000 km – ein Verschleißprofil entsteht, eine Kaltverfestigung von Lauffläche und Spurkranz. Mit zunehmenden Verschleiß verschlechtern sich die Laufeigenschaften, und man ist gezwungen, die Laufflächen in regelmäßigen Abständen zu bearbeiten.

Ideal wäre eine Bearbeitung der Radreifenprofile alle 20 000 bis 25 000 km, das Optimum zwischen Notwendigkeit und Wirtschaftlichkeit wurde in den siebziger Jahren im Bundesbahn-Zentralamt Minden bei 300 000 bis 1 Million Kilometern gefunden. Diese gestreckten Werkstattintervalle sind durch die Schwingungsdämpfer an den Drehgestellen der bis 200 km/h zugelassenen Reisezugwagen ermöglicht worden.

Beim ICE-Mittelwagen kam eine mechanische Einrichtung für die Drehhemmung hinzu, die dem Schlingern des Fahrzeugs, dem sogenannten Sinuslauf, entgegenwirken soll. Aus dem Drehgestell MD 52 (M = Minden, D = Deutz, 52 = erstes Baujahr 1952) wurde der Typ MD 522 entwickelt, umbenannt in MD 530.

Nicht quer stellte sich der **G**epäckwagen beim **Z**usammenstoß zweier **Z**üge in Tauer (Strecke Cottbus – Frankfurt [Oder]) am 13. März 1989. Der aufgeschobene **W**agen diente praktisch als Knautschzone

Im Mai 1985 entgleisten bei **N**assenheide (Strecke Berlin – Neustrelitz) diese **W**agen eines **G**üterzuges und stürzten um, weil ein **R**ad schadhaft geworden war

Um auf die Monoblockräder zurückzukommen: Sofern sie bis zum Betriebsgrenzmaß abgedreht sind, müssen sie ausgemustert werden. Bei bereiften Rädern genügt das Lösen und Aufziehen eines neuen Radreifens, allerdings sind Radsätze mit Radreifen bei der Beschaffung teurer.

Wieso waren und sind Räder mit Radreifen überhaupt im Gebrauch?

Die in der Anfangszeit der Eisenbahn verwendeten spröden Räder und die Suche nach einer technischen Lösung, das Rad bearbeiten zu können, hatten zum Radreifen geführt. Anfangs verwendete man für ihn Eisenstäbe, die ringförmig gewalzt und verschweißt wurden. Da die Schweißstelle oft brach, wurde seit 1852 eine gelochte Stahlgußplatte über einem Dorn ausgeschmiedet und zum nahtlosen Radreifen ausgewalzt. Da von der Qualität des Radreifens die Betriebssicherheit jedes Schienenfahrzeugs abhängt, bestehen sehr strenge Qualitätsvorschriften.

Der Radreifen wird mit dem Schrumpfsitzuntermaß von 1,35...1,80 Prozent ausgedreht. Er ist also bei einem Wagenrad mit 1000 mm Laufkreisdurchmesser 1,4...1,8 mm kleiner als der Durchmesser der Radscheibe, auf die der Radreifen aufgezogen werden soll. Durch Erwärmung im Gasfeuer dehnt sich der Radreifen so weit, daß der an einem Kran hängende Radkörper leicht eingeführt werden kann. Er muß am gesam-

Glimpflich ging am 19. Oktober 1875 der Radreifenbruch an der Lokomotive AMSTETTEN ab, die nahe Timelkam (Strecke Salzburg – Linz) entgleiste und sich vom Zug riß

Bei der Einfahrt in den Bahnhof Altenburg (Strecke Leipzig – Hof) brach der Radreifen an der ersten Kuppelachse, die Lokomotive entgleiste nicht (1954)!

ten Umfang am bundförmigen Ansatz auf der äußeren Stirnseite des Radreifens anliegen. Kühlt der Radreifen ab, schrumpft er, und er klingt hell bei einem Hammerschlag als Zeichen, daß er fest aufsitzt.

Den erwähnten Sprengring legt man nach dem Aufziehen des Radreifens in eine 10,5 mm tiefe Nut, die vorher in den Radreifen eingestochen wurde. Damit er nicht herausfallen kann, wird die Kante des Radreifens angewalzt.

An einem Zementbehälterwagen brach die Radscheibe, und mehrere Wagen stürzten am 13. März 1986 die Böschung bei Leißling (Strecke Halle [Saale] – Erfurt) hinunter

„Laufflächenschäden am Eisenbahnrad haben auf die Lebensdauerkosten der Schienenfahrzeuge erhebliche Auswirkungen, besonders an den Rädern scheibengebremster Radsätze sind die Probleme an den Schaderscheinungen nicht entscheidend geringer geworden. [...] Unrundheiten am Radumfang entstehen durch die Einwirkung von Kräften oder durch tribologisches Verhalten im Rad-Schiene-Kontakt. Durch Unrundheiten werden Schwingungen verursacht, die zu Ermüdungsbrüchen führen können."
***Werner Mombrei, Walter Rode** in der Zeitschrift „Eisenbahningenieur"*

Der Sprengring umfaßt den Radkörper am gesamten Umfang. Er kann verhindern, daß sich beim Bruch des Radreifens Teile abtrennen. Ist der Radreifen aufgezogen, wird die äußere Oberfläche auf speziellen Drehmaschinen bearbeitet.

Die Bahnen haben, auch im internationalen Verkehr, bestimmte Normen zu beachten, so zur Breite und Stärke des Radreifens, zur Höhe und Stärke des Spurkranzes. „Unzulässig", so hieß es zum Beispiel im PPW (Prawila polsowanij wagonami = Vorschriften über die Benutzung von Wagen im internationalen Personen- und Eisenbahn-Güterverkehr) – im westeuropäischen Eisenbahnverkehr bestehen gleiche oder ähnliche Vorschriften – „sind folgende Schäden an den Radsätzen:

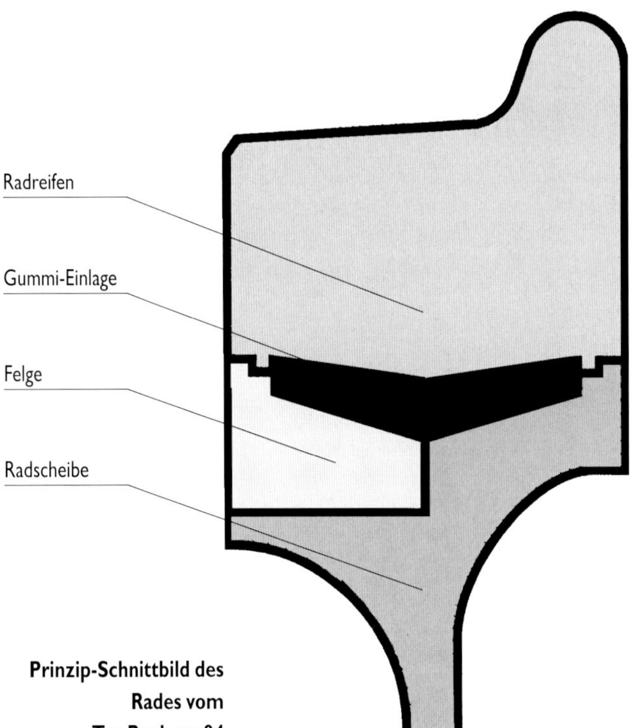

Prinzip-Schnittbild des Rades vom Typ Bochum 84

a) Querriß an beliebiger Stelle der Achswelle,
b) abgeschliffene Stellen an der Achswelle von 2,5 mm und mehr,
c) Sprung im Radreifen oder in der Radfelge,
d) Ausbröckelungen am Spurkranz oder an der Lauffläche des Radreifens,
e) Sprung in der Radscheibe, im Radkörper oder in der Radnabe,
f) Verschieben oder Lockerwerden der Radnabe auf der Achse,
g) Flachstellen im Laufkreis des Radreifens [...],
h) lose Radreifen.

Die Festigkeit des Sitzes des Radreifens wird nach der Reinheit des Klanges beim Schlag mit einem Handhammer gegen den Radreifen sowie nach Übereinstimmung der Kontrollmarken am Radreifen und Radkörper (wenn solche vorhanden sind) festgestellt." Hammer und Klangprobe des Wagenmeisters konnte man früher auf den Bahnsteigen regelmäßig beobachten.

Jeder Unfall mit der Ursache einer gebrochenen Radscheibe oder eines gerissenen Radreifens hatte aber auch zur Verbesserung der metallurgischen Technologie und zu besseren Prüfverfahren geführt, mit deren Hilfe auch unsichtbare Materialfehler erkannt werden konnten.

Merkwürdiges rund um das ICE-Rad

Und trotzdem hielt sich die Auffassung, daß Monoblockräder sicherer sind. Deshalb werden sie auch im Hochgeschwindigkeitsverkehr

Nachbearbeitung eines Radprofils mit Hilfe einer Unterflur-Drehmaschine (hier ein französischer TGV in Seelze)

verwendet, und auch die Deutsche Bundesbahn bestellte sie für ihre ICE.

Doch im ersten Betriebsjahr zeigten sich die Auswirkungen von Unwuchten, Flachstellen, mochten die Abweichungen vom Kreis auch noch so gering sein. Im Speisewagen klapperten die Teller, und in den Sitzwagen machte sich ein unangenehmes Dröhnen bemerkbar. Der Ausweg war eine neue Radkonstruktion mit einer Gummizwischenlage (Elastomer), wie sie seit den fünfziger Jahren bei Straßenbahn-Triebwagen verwendet wurde. Radkörper und Radreifen werden bei der Herstellung ineinandergelegt, und der Gummi wird dazwischengeschossen.

Mit dem Typ Bochum 84 hatte die Deutsche Bundesbahn ein Rad eingeführt, dessen Radreifen nicht, wie beim Aufschrumpfen, fester Bestandteil des Rades, sondern infolge des nachgiebigen Gummis eine Art Biegebalken geworden war.

Ein solches Rad von 90 cm Durchmesser ist bei Geschwindigkeiten um die 250 km/h extrem belastet. In der Sekunde dreht es sich 25mal, in 24 Stunden 2.160.000mal – immer mit ständigem Lastwechsel verbunden und von Querkräften beansprucht. Die Ermittlungs-

Bilder oben und unten: Zum Austausch vorgesehene ICE-Radsätze im ICE-Betriebswerk Hamburg-Eidelstedt. Kreidekreise markieren Stellen, an denen Schäden lokalisiert oder vermutet wurden

behörden haben daher zu klären, ob es nicht fahrlässig war, beim Stand der Technik, einen solchen Radtyp im Hochgeschwindigkeitsverkehr zu verwenden. Mysteriös ist zudem, daß die Deutsche Bahn AG, wie Horst Stuchly, der Präsident des Eisenbahn-Bundesamtes, einräumen mußte, keine vollständige Zulassung für diesen Radtyp vorweisen konnte.

Sicherlich werden die Ermittler auch auf die Prüfberichte der Thyssen-Tochter Meßtechnik & Qualifikation vom Mai 1997 zurückgreifen. In Kassel waren ICE-Räder nach etwa 60 000 km Laufleistung geprüft worden. Alle sollen fehlerhaft gewesen sein – und wenn es nur Flachstellen waren.

Hinzu kommt, daß die Deutsche Bahn AG nach Vorfällen mit ähnlichen Radtypen gewarnt sein mußte: nach den Radreifenrissen beim schwedischen Hochgeschwindigkeitszug X 2000 und bei der Stadtbahn (Üstra) Hannover, über die ein Üstra-Techniker mit einem Sachbearbeiter der Deutschen Bahn AG bereits im September 1997 gesprochen haben will. Die Deutsche Bahn AG bestreitet, daß es einen solchen Anruf gegeben habe.

Eine weitere Merkwürdigkeit brachte die Katastrophe von Eschede ans Licht.

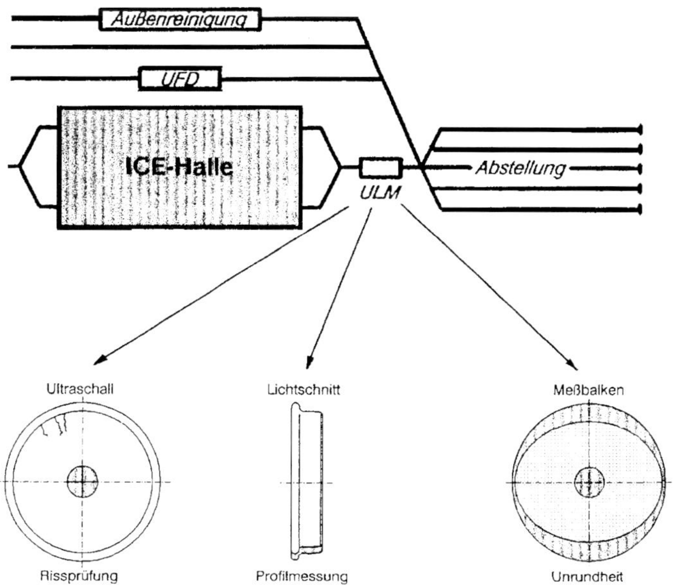

Prinzip und Anordnung der Radsatzdiagnoseanlage ULM, wie sie von der Deutschen Bundesbahn konzipiert worden war

Gerade im Hochgeschwindigkeitsverkehr erschien es wichtig, auch unsichtbare Schäden im Material, insbesondere im Laufwerk, zu erkennen. Mit Hammer, Taschenlampe und Augenschein war das sicherlich nicht möglich und auch nicht in der kurzen Zeit, die in den geplanten Betriebswerken Hamburg-Eidelstedt und München zwischen zwei Zugfahrten zur Verfügung stehen sollte. Deshalb bat die Deutsche Bundesbahn bereits 1979 das Fraunhofer-Institut für Zerstörungsfreie Prüfverfahren in Saarbrücken, ein Prüfsystem zu entwickeln.

Die Automatische Ultraschall-Radoberflächen-Prüfanlage wurde in die Diagnoseeinrichtung ULM (das sind die Abkürzungen für Ultraschallprüfung, Lichtschnittmessung und Meßbalken) eingebaut. Mit dem Ultraschall sollten Querrisse in den Radflächen, mit dem Lichtschnitt Profilabweichungen und -verschleiß, mit dem Meßbalken Flachstellen (unrunde Räder) erkannt werden. Noch 1995 lobte ein Werkstattleiter in der Zeitschrift „eisenbahn magazin" diese Meßeinrichtung, und auch in der 1997 verlegten „3., komplett überarbeiteten und

Halle für die Laufflächen-Diagnose im ICE-Werk München

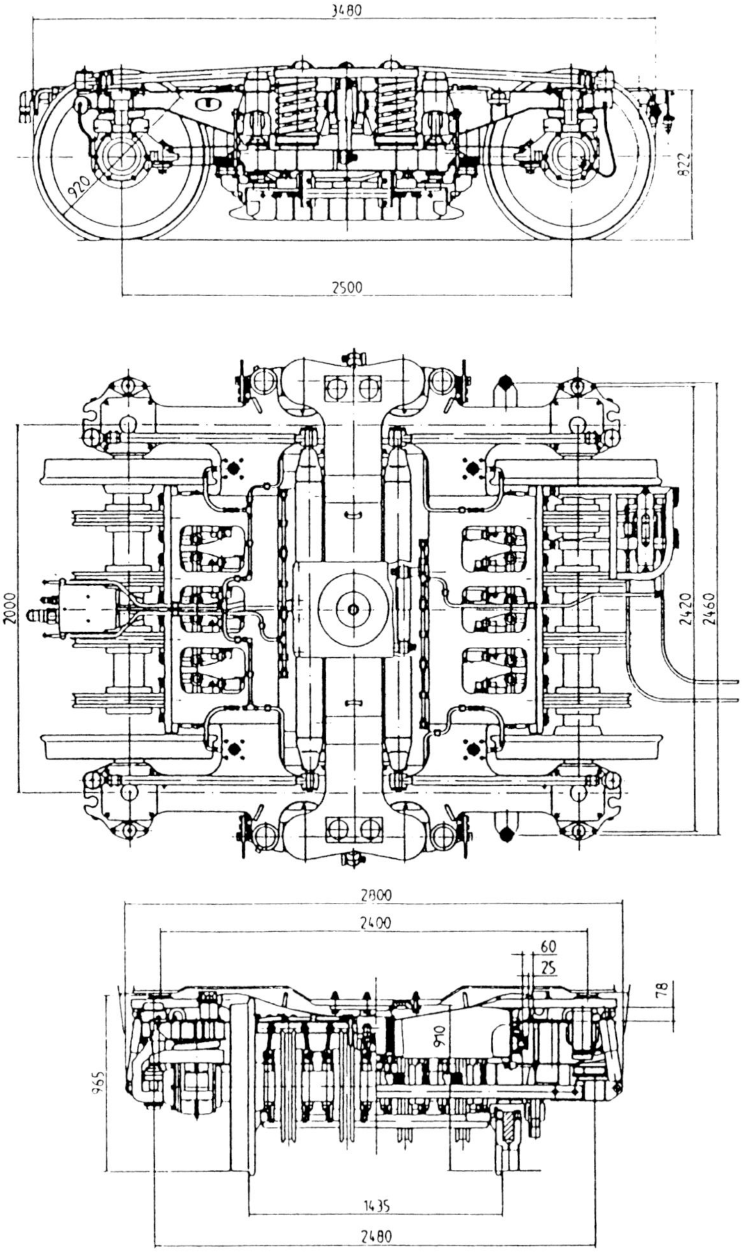

Drehgestell für die Mittelwagen des ICE-1, Bauart MD530. Von oben: Seitenansicht, Draufsicht und Querschnitt

erweiterten Auflage" des Buches „ICE. Zug der Zukunft" beschreibt Hermann Wolters, der Ende 1997 altershalber ausgeschiedene DB-Vorstand für Traktion und Werke, diese Diagnoseeinrichtung, als wäre sie immer noch in Betrieb. Tatsächlich war sie in München nicht in Betrieb gegangen und in Hamburg Ende 1993 abgeschaltet worden. Denn die automatische Anlage hat immer wieder Störungen gemeldet, nach denen der Radsatz ausgebaut werden mußte, obwohl es objektiv dazu keinen Anlaß gab. Der Ultraschall hatte auch harmlose Veränderungen in der Materialstruktur gemeldet. Nachher ist man immer schlauer: Wo das Rad auf die Schiene trifft, wirken etwa 10 t auf eine winzige Oberfläche, so daß es zu „Mikrozerrüttungen" kommt, die das Ultraschallsignal verfälschten. Warum die Fachleute nicht bereits vor dem Einbau die Schwäche der Diagnoseeinrichtungen erkannten und für eine bessere sorgten, blieb bislang unklar.

Statt das vom Fraunhofer-Institut entwickelte System zu verbessern oder durch ein geeignetes zu ersetzen, wurden die Räder wie zu Dampflokomotivzeiten durch Augenschein geprüft. Risse, die zum Reißen des Radreifens führen konnten, wurden dabei nicht entdeckt. Die Fahrzeuge des Unfallzuges hatten 1,8 Millionen Kilometer zurückgelegt, ohne daß es zu einer gründlichen Untersuchung der Räder gekommen war.

Die Ermittlungsbehörden haben zu untersuchen, ob der Verzicht auf eine Prüfung der Fahrwerke mit Hilfe der Neuentwicklungen einen Straftatbestand darstellt und wer ihn zu verantworten hat.

Auf dem oder den Sachverständigen liegt eine große Last, denn die Meinungen, ob der innere Riß tatsächlich den Radreifen löste, ob solch ein Riß hätte erkannt werden können und welche Prüfmethoden dem Stand der Technik entsprechen, gehen unter Ingenieuren auseinander. Vielleicht erweist sich die Veröffentlichung in der bahneigenen Zeitschrift „Bahn-Tech" von 1996 als Eigentor, in der festgestellt wurde: „Die dynamischen Reaktionen zwischen Rad und Schiene nehmen dann zu, wenn der Rad-Rundlauf fehlerhaft ist."

Im Zusammenhang mit dem Prüfverfahren wird dem Eisenbahn-Bundesamt vorgeworfen, seine Aufsichtspflicht vernachlässigt zu haben, und die Behörde wird gefragt, warum es nicht bessere Kontrollen verlangt habe.

Das Eisenbahn-Bundesamt besteht seit dem 1. Januar 1994. Bis zum 31. Dezember 1993, gut zwei Jahre nach Eröffnung des ICE-Verkehrs hatte das Bundesverkehrsministerium die Aufsicht über die Deutsche Bundesbahn inne. Abgesehen von dieser unterschied-

„Stillstandszeiten aus Instandhaltungsgründen sind zu minimieren und, wenn irgend möglich, in betriebliche Stillstandszeiten bei Triebzug-Wenden und in die Nacht zu legen. Sie dürfen nicht ungeplant anfallen und sind für möglichst viele Arbeiten gleichzeitig zu nutzen. Die Triebzüge sind daher im Verband und nicht als Einzelfahrzeuge zu behandeln. [...] Baugruppen und Bauteile der Triebzüge sind so auszuführen, daß Reparaturen durch deren Tausch innerhalb kürzester Zeit durchgeführt werden können."

Hermann Wolters

in „ICE. Zug der Zukunft"

Das Drehgestell MD 530 des ICE 1, ein Zwei-Achs-Drehgestell mit Stahlfederung und Drehdämpfung, wurde für Geschwindigkeiten bis zu 300 km/h zugelassen

Für die laufende Wartung und Unterhaltung entstand zunächst das Werk in Hamburg-Eidelstedt (Bild oben). Später kamen Werke in München Hbf und Berlin-Rummelsburg hinzu

lichen Zuständigkeit sah sich das Eisenbahn-Bundesamt seit seinem Bestehen massiven Vorwürfen des Vorgängers von Johannes Ludewig, Heinz Dürr, ausgesetzt, wenn es nicht jeden Einfall hinnehmen wollte, der von der Deutschen Bahn kam. Spitzenleute der Bahn und des Ministeriums nannten das Eisenbahn-Bundesamt öffentlich ein „Eisenbahn-Verhinderungsamt".

Wie aus Kreisen dieses Amtes immer wieder zu hören ist, mußten auf Druck des Bundesverkehrsministeriums Auflagen und Versagungen zurückgezogen werden. Die Formel der Ministerialen in solchen Fällen: „Ihr wollt wohl die Bahnreform gefährden?!"

Spekulationen, Gerüchte, Legenden

Bei der Suche nach angeblichen Versäumnisse wird auch die Zugbeeinflussung ins Spiel gebracht, die nicht in der Lage gewesen sein soll, den Zug anzuhalten, als der im Gleis befestigte Linienzugleiter vom Radreifen durchschnitten wurde. Solche Vorwürfe kennzeichnen eine bestimmte Ahnungslosigkeit über die Funktion der induktiven Linienzugbeeinflussung. Sie ist nicht die Notleine für alle möglichen Gefahrenfälle, in die ein Zug gerät. Die Linienförmige Zugbeeinflussung ist vielmehr ein erprobtes, signaltechnisch sicheres System

Die Gleise im ICE-Werk Hamburg-Eidelstedt sind aufgeständert, so daß an den Zügen während der kurzen Werksaufenthalte gleichzeitig von drei Ebenen aus gearbeitet werden kann

zur kontinuierlichen Überwachung von Zugfahrten bis zu einer Geschwindigkeit von 300 km/h. Sie ist bei Geschwindigkeiten über 160 km/h notwendig, weil dann der Bremsweg des Zuges nicht mehr ausreicht, um innerhalb des regulären Abstandes zwischen Vorsignal und Hauptsignal von 1000 m zum Halten zu kommen. Der Lokomotivführer muß ein Signal nicht erst physisch vor sich sehen, um darauf zu reagieren. Mit der Linienförmigen Zugbeeinflussung wird die Signalvorausschau quasi auf 10 Kilometer verlängert und die Fahrweise des Zuges – Beschleunigen, Beibehalten der Geschwindigkeit, Bremsen – der vor ihm liegendem Streckensituation angepaßt.
Die Zugbeeinflussung ist also auf den Raum vor dem Zug und nicht hinter ihm gerichtet. Freilich ist zu prüfen, ob das Durchtrennen des

Verbesserungs-Vorschlag 1995 abgelehnt

nach sorgfältigem Abwägen Ihres Verbesserungsvorschlages vom 23.10.1995, einer elektronischen Radreifenüberwachung an Triebfahrzeugen, haben wir uns entschlossen Ihren Verbesserungsvorschlag nicht weiterzuverfolgen. Unseres Erachtens würde der rauhe

die betrieblichen Ausfallzeiten der Triebfahrzeuge zu bedenken. Hier ist insgesamt sogar mit einem Mehraufwand gegenüber der bisherigen Praxis zu rechnen.

Mit Ihren Vorschlag wäre es möglich, eine Verdrehung des Radreifens während der Fahrt festzustellen. Es zeigt sich aber, daß die Überprüfung der Gelbstrichmarkierung beim Abschlußdienst des Triebfahrzeugführers und die Überprüfung der Radreifen während der Inspektionen die notwendige Sicherheit gewährleisten.

War der Bahn die Sicherheit zu teuer?

Bild
UNABHÄNGIG · ÜBERPARTEILICH

„Bild" veröffentlichte am 9. Juni 1998 die Skizze eines Vorschlages, den der Bahn-Mitarbeiter Gottfried Birkl 1995 eingereicht hatte, um den Radreifen zu überwachen, sowie den damaligen Brief mit der Ablehnung

Von TANJA TRESER und MICHAEL PAUSTIAN

Sicherheitsproblem Radreifen. Schon 1995 hat ein Mitarbeiter der Bahn ein elektronisches Radreifen-Überwachungssystem für Bundesbahnzüge vorgeschlagen.

Elektromagnetische Kontakte sollten die Räder überwachen – mit sofortiger Notbremsung, wenn ein Radreifen bricht. Der Vorschlag wurde abgelehnt (oben Ausrisse des Schreibens). Begründung: „Zuviel Aufwand."

War der Bahn die Sicherheit zu teuer?

Der ICE von Eschede war nach dem Radreifenbruch noch 6 Kilometer weiter gerast, ehe er gegen die Brücke prallte – 98 Tote. **Hätte das Unglück mit solch einem Warnsystem verhindert werden können?** **Seite 7.**

Maschinenbaumeister Gottfried Birkl (53), ehemaliger Bahn-Mitarbeiter. Er zeigt eine Zeichnung, seine Erfindung. Foto: M. ROEDEL

„Die Radreifen werden während der Fahrt überwacht" – der Verbesserungsvorschlag von Gottfried Birkl. ▼

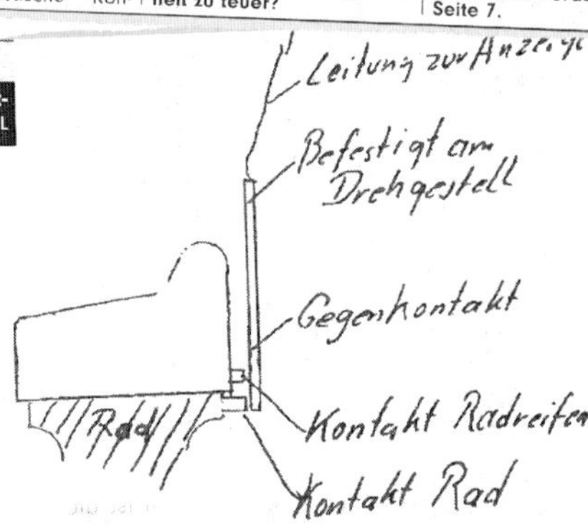

◀ **Ein elektromagnetischer Kontakt auf dem Rad, direkt darüber der auf dem Radreifen – eine vereinfachte Zeichnung des Überwachungssystems.**

Schwerer Pfusch bei der Wartung

tz

Von K.H. Dix tz München
**Hätte sich das Zugun-
glück von Eschede vermei-
den lassen, wenn die Bahn
das Thema Radsatz-Dia-
gnose beim ICE ernster
genommen hätte? Tatsa-
che ist: Zwei hochmoder-
ne Ultraschall-Meßanla-
gen wurden 1992 und
1993 in München und
Hamburg in Betrieb ge-
nommen, aber kurz darauf
wieder stillgelegt, weil sie
nicht funktionierten.**

Seitdem wurden die Rä-
der der Hochgeschwindig-
keitszüge nur per Augen-
schein auf Risse kontrol-
liert. Tödlicher Pfusch?
Gleichzeitig wurde be-
kannt: Die Bahn muß be-
reits wenige Jahre nach der
Inbetriebnahme der Neu-

sicherheitsmäßige Prüfung
der Radsätze".
Dazu hatte die DB für je
zwei Millionen Mark bei
der Firma Hegenscheidt
zwei Diagnose-Anlagen
bestellt. Die dabei vorgese-
hene Ultraschall-Diagnose
der Radflächen auf Haar-
risse und Unebenheiten
funktionierte aber nicht.
Hegenscheidt-Geschäfts-
führer Dr. Martin Hollen-
horst: „In der Praxis traten
Probleme auf, die Anlagen
lieferten unzureichende
Ergebnisse."
Beide Geräte wurden
deshalb bereits 1993 abge-
schaltet. DB-Sprecherin
Christine Geissler-Schild
dazu: „Kein Kommentar".
Deshalb erhebt Dipl. Ing.
Rolf Diederichs, Herause-
ber einer Zeitschrift über

ICE-Reifen-TÜV und was nicht funktionierte...

Der Reifen-TÜV beim ICE besteht aus drei Verfahren:
Methode 1: Per Ultraschall sollten Risse in Achsen und Radreifen festgestellt werden. Diese Anlage wurde 1993 stillgelegt.
Methode 2: Mit Hilfe von Lichtblitzen stellen Techniker Abnutzung und Verschleiß am Radprofil fest.
Methode 3: Mit Hilfe von Meßbalken ortet das Wartungspersonal sogenannte Flachstellen, die den Gleis-Oberbau beschädigen und zu Erschütterungen während der Fahrt führen.

Linienleiters zum Ausfall der Zugbeeinflussung im ICE-Führerraum führte. Dann hätte der Lokomotivführer die Geschwindigkeit ermäßigen und die Folgen mindern können.

„Vorhersehbar" soll das Unglück nach einigen Medienberichten wegen der „mitten in den Gleisen" stehenden Brückenpfeiler gewesen sein. Die zweimal vier Pfeiler der 1973 gebauten, 300 t schweren Betonkonstruktion standen indes nicht in oder zwischen den Gleisen, sondern beiderseits der Bahntrasse. Zweifellos haben sie und die Trümmer das Ausmaß der Entgleisung erheblich verschlimmert.

In Rheinweiler (Strecke Basel Badischer Bf – Karlsruhe) entgleiste am 21. Juli 1971 bei etwa 140 km/h der Schnellzug D 370. 23 Tote und 142 Verletzte waren seinerzeit zu beklagen, als Ursache wurde die Überschreitung der zulässigen Geschwindigkeit angegeben, ohne daß geklärt wurde, warum der Lokomotivführer zu schnell gefahren ist.

Der Zusammenhang mit Eschede besteht darin, daß in Rheinweiler die Wagen nicht nur entgleisten, sondern umstürzten und bis zu 200 m wegrutschten. Wagen 1 war mit einem Fahrleitungsmast zusammengestoßen, den er samt Betonfundament umriß. Nach Ritzau entfernte sich die Gruppe der Wagen 3 bis 6 zentrifugal vom Gleiskörper weg. In Rheinweiler war der Fahrleitungsmast das Hindernis und die Energie des weitaus langsamer fahrenden Zuges trieb die Wagen vom Bahnkörper weg.

Nachdem am 27. Mai 1983 der Schnellzug D 225 Ostende – Wien mit der Geschwindigkeit von 130 km/h bei Groß Königsdorf (Strecke Köln – Aachen) in vom Regen gelöste Schlamm- und Geröllmassen gefahren war, waren die Auswirkungen (6 Getötete, 18 Schwerverletzte) vor allem

Hartnäckig recherchierende Journalisten wie Karl-Heinz Dix von der Münchner „tz" fanden heraus, daß die Anlagen zur Ultraschall-Prüfung der Räder in den Werken Hamburg und München seit Jahren nicht funktionierten

Die Reste der zerstörten Brücke im Juli 1998. Die zweimal vier Pfeiler der 1973 gebauten, 300 t schweren Betonkonstruktion standen nicht in oder zwischen den Gleisen, sondern beiderseits der Bahntrasse

deshalb so tragisch, weil sich der Lokomotive eine Steinbrücke als Hindernis in den Weg stellte. Die Lokomotive stürzte daraufhin um, und an ihr schoben sich die Wagen vorbei.
Sogar Eisenbahner der Deutschen Bahn AG schüttelten den Kopf, daß im Bahnhof Eschede, der mit einer Geschwindigkeit von 200 km/h durchfahren wird, keine „Schnellfahrweiche" verlegt worden ist. Die alten engen Weichen hätten zur Katastrophe beigetragen.
Was ist davon zu halten?
Die heftigsten Vorhaltungen zu den Weichen machte Winfried Wolf, verkehrspolitischer Sprecher der PDS im Bundestag, der Deutschen Bahn AG. „Weichen wie in Eschede sind in Deutschland in ihrer Grundkonstruktion seit 1853 in Gebrauch", heißt es in einem entsprechenden Zeitungsbericht.
An der Form der Weichen hat sich grundsätzlich wenig verändert, wenn sie auch technisch ständig verfeinert wurden. War es früher üblich, daß eine Weiche im geradeaus gestellten Strang mit der für die Strecke zulässigen Geschwindigkeit befahren werden durfte (also 90 km/h oder 120 km/h), dann durften es in den abzweigenden Strang höchstens 40 km/h oder 30 km/h sein. Maßgebend für diese Geschwindigkeiten war der Halbmesser des abzweigenden Stranges, der von 180 bis 300 m reichte.
Da die Geschwindigkeitsermäßigung eines in das Überholungsgleis fahrenden Zuges sich auf die Streckenkapazität und auch auf die Reisezeit auswirkte, ging man daran, die Weichenhalbmesser zu vergrößern. Bei 500 m durfte mit 60 km/h, bei 1000 m mit 100 km/h

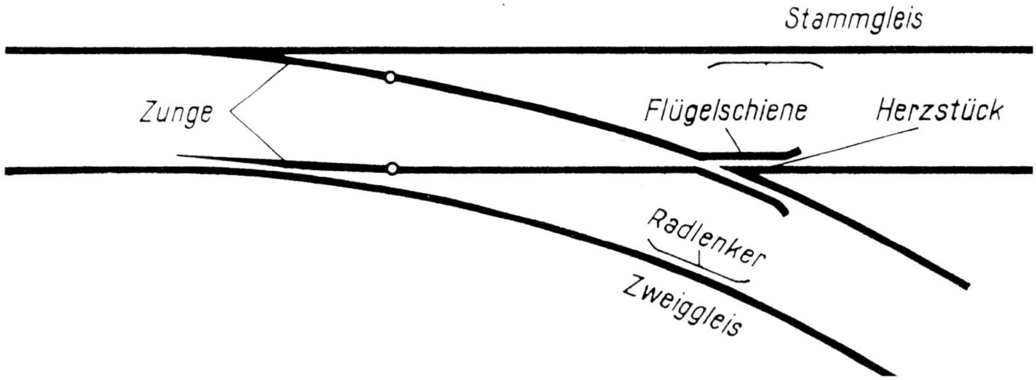

Skizze einer Weiche, wie sie in Eschede vorhanden sind. Das entgleiste Rad hatte die hier oben dargestellte Zunge an die Backenschiene angedrückt und dabei die untere Zunge so bewegt, daß die Wagen 1 bis 5 in die Ablenkung fuhren und entgleisten

in den gekrümmten Strang gefahren werden. Von Nachteil war, daß die Weichen immer länger wurden und schwerer umzustellen waren. Auch mußten, damit bei über die Weiche fahrenden Zügen die anliegende Zunge festhält, zusätzliche Weichenverschlüsse eingebaut werden.

Auf Schnellfahrstrecken versuchte man, die Geschwindigkeit in den abzweigenden Strang weiter zu erhöhen, weil sich beispielsweise bei einer Streckengeschwindigkeit von 250 km/h die Herabsetzung der Zuggeschwindigkeit auf 60 km/h sehr stark auf die Fahrzeit und die Durchlaßfähigkeit der Strecke auswirkt.

Deshalb sind Weichen mit Halbmessern bis zu 10 000 m konstruiert worden, die im abzweigenden Strang mit Geschwindigkeiten bis zu 160 km/h befahren werden dürfen. Neu an ihnen sind auch die Verschlußeinrichtungen und Zungen, die nicht mehr auf geschmierten Gleitstühlen bewegt, sondern ausgehoben, gerollt und gesenkt werden. Lange Weichen benötigen

Durch ein entgleistes Rad nach innen gedrückter Radlenker (Bild von einem anderen Unfall). In Eschede drückte der Radreifen den Radlenker nach oben und sprengte ihn ab

Das Herzstück ist ein Großteil einer Weiche, Kreuzung oder Kreuzungsweiche, das den ungehinderten Lauf der Räder an den Durchschneidungsstellen sich kreuzender Schienenstränge gewährleistet. [...] Nach Art der Unterbrechung der Fahrkante werden unterschieden a) einfaches, b) doppeltes, c) mehrfaches Herzstück.
transpress-Lexikon Eisenbahn

für die Laufruhe des Fahrzeugs bewegliche Herzstücke, die mit den Zungen umgestellt werden, und sie besitzen daher keine Radlenker.
Deren Funktion ist es, die Überschneidungsstelle beider Schienen am Herzstück zu überbrücken. Dort wird zwar der verhältnismäßig breite Radreifen senkrecht unterstützt, so daß er nicht in die Lücke fällt, aber der Spurkranz verliert seine seitliche Führung. Diese übernimmt das andere Rad des Radsatzes, das an seiner Innenflanke mit Hilfe eines Radlenkers geführt wird.
Der Radlenker der Weiche 2 spielte in Eschede eine andere Rolle, weil auf ihn der abgesprungene Radreifen traf und ihn in das Wageninnere schleuderte. Wäre die Weiche 2 eine mit beweglichem Herzstück und ohne Radlenker gewesen, wäre der Radreifen nicht auf dieses Hindernis gestoßen. Ob dadurch die Katastrophe einen wesentlich anderen Verlauf genommen hätte, ist stark hypothetisch.
Ob das Rad ohne Radreifen in der Weiche 3 nicht entgleist oder der mitgerissene Radreifen sich dort in der Weiche nicht verhakt hätte, wer will das behaupten?
Aufgrund der Sicherungstechnik ist das Befahren der Weichen in Eschede mit 200 km/h nur im geraden Strang möglich; Signale sowie die Linienzugbeeinflussung bzw. die Punktförmige (induktive) Zugbeeinflussung zwingen Züge, welche in den abzweigenden Strang geleitet werden, zu einer Höchstgeschwindigkeit von 60 km/h.

Die Weiche 2 nach ihrer Wiederherstellung im Juli 1998: Deutlich erkennbar der Radlenker und der Leiter der Linienzugbeeinflussung

Der ICE „Wilhelm Conrad Röntgen" hatte von Hannover bis Hamburg-Harburg 200 km/h zu fahren und in Eschede das durchgehende Hauptgleis zu benutzen. An eine Fahrt in den gekrümmten Strang war nicht gedacht.

Daß ein mitgeschleifter Radreifen die Weiche 3 zerstören und so die nachfolgenden Fahrzeuge mit nahezu 200 km/h in den abzweigenden Strang lenken sollte, konnte niemand vorhersehen. Es besteht kein Grund, die Deutsche Bahn AG wegen der Weichen in Eschede zu tadeln.

Bei den Thesen „Was wäre wenn" wird vergessen, daß der Aufwand für die Sicherheit in einem bestimmten Verhältnis zum erwarteten Risiko stehen muß (schon wegen der Ausgaben, die man gegenüber dem Steuerzahler zu verantworten hat). Wer das übersieht, müßte zu der Ansicht kommen, am wenigsten passiert dort, wo überhaupt nichts mehr fährt.

Die Frage, ob das Debakel in Eschede vorhersehbar und damit auch vermeidbar war, läßt sich erst beantworten, wenn die Gutachten vorliegen, die die Qualität der Räder und der Prüfmethoden ins Verhältnis zu den Anforderungen des Hochgeschwindigkeitsverkehrs stellen. Mit dem Hinweis auf die Brücke und die Weichen läßt sich die Frage „Vorhersehbar?" nicht beantworten.

Wo es keine Brücke gibt, stehen Fahrleitungsmaste. Wo keine Fahrleitungsmaste stehen, kann der Zug in die Tiefe stürzen. Wo es an

„Eine Untersuchung vor Ort, vorgenommen durch den VCD-Vorsitzenden von Cuxhaven, Heinz Betzler, ergab: Die Bahn hat nach dem Unglück erneut eine Weiche desselben – konventionellen – Typs eingebaut. Eine Nachfrage bei der DB-Versuchsanstalt in Minden ergab: Es gibt keinerlei technische Probleme, die konventionelle Weiche durch eine Schnellfahrweiche zu ersetzen."
Winfried Wolf *in „junge Welt"*

Die Weiche 3 nach ihrer Wiederherstellung: In gerader Stellung ist sie mit 200 km/h, in abzweigender Stellung mit höchstens 60 km/h befahrbar

Bei Wustermark wurden in die Gleise der Hochgeschwindigkeitsstrecke Hannover – Berlin „Schnellfahrweichen" eingebaut (1998), die ohne Weichenstühle und Radlenker auskommen

Schluchten fehlt, werden vielleicht Tunnelwände zum Hindernis. Das Beste für die Sicherheit ist, der Zug bleibt im Gleis. Das Kernstück des Dilemmas von Eschede ist der Bruch des Radreifens, weshalb bei der Qualität der Räder und deren Prüfungen anzusetzen ist.

5. Live aus Eschede

Sämtliche Rundfunk-, vor allem aber die Fernsehsender waren durch das Unglück von Eschede zu Dauerberichten verpflichtet, die Sendungen aus dem Heideort unterbrachen das geplante Programm, und auch die Printmedien schickten ihre Sonderberichterstatter dorthin.
Die Frage, wie sie eine DB-Pressesprecherin beim Zugunglück in Elsterwerda (siehe S. 63) mit Blick auf die herbeigeeilten Jornalisten stellte, „Was wollen die denn eigentlich hier?“, war in Eschede nicht zu erwarten. Denn jedermann sah es: das konnte, wenn man die Opfer zählte, „das größte Zugunglück Deutschlands“ werden, wie das ZDF voreilig verkündete, um sich tags darauf zu korrigieren: „in Nachkriegsdeutschland“. Denn der Zusammenstoß zweier Schnellzüge am 22. Dezember 1939 auf dem Bahnhof Genthin (Strecke Berlin – Magdeburg) hatte weitaus mehr Menschen das Leben gekostet.
Eschede machte deutlich, daß wir eine Mediengesellschaft nach amerikanischem Muster geworden sind. Durch die Medien meinen wir ständig am Ort des Grauens zu sein, durch sie leiden wir und freuen uns, und wir plappern alles nach, was uns an Informationen geliefert wird in der Meinung, sie seien wahr.
Die Berichterstattung über Eschede zeigte außerdem, in welchem

„Daß ich sowas 'mal erleben darf!“
*Der **Reporter** einer Boulevardzeitung*

Der, nach der Zahl der Opfer, größte Eisenbahnunfall (186 Tote!) in Deutschland ereignete sich am 22. Dezember 1939 in Genthin, als D 180 und D 10 zusammenstießen

DIE ZEIT

Aufnahme: Christian Irrgang

ACHTZIG MILLIONEN NEUGIERIGE schicken ihre Interessenvertreter, die Journalisten

Eschede gab den Medien vielerlei Anlaß zum Nachdenken, und sie berichteten über sich selbst: „Achtzig Millionen Neugierige schicken ihre Interessenvertreter, die Journalisten“, schrieb „Die Zeit“

Konkurrenzkampf um Einschaltquoten, Reichweiten und Auflagen die Medien stehen.

Jeder wollte irgendwie originell, anders als der Wettbewerber, sein ... und doch waren sich alle so ähnlich. Die Fernsehmacher aller Sender zeigten mit ihren unentwegten Liveberichten, das sie alle beim selben Vorbild, dem amerikanischen Nachrichtenkanal CNN, abgeschaut haben.

Bemerkenswert war die Pietät, mit der Fernseh- und Zeitungsleute ihre Bilder auswählten (und da unterschieden sie sich denn doch deutlich vom bluttriefenden Katastrophenjournalismus amerikanischer Couleur). Auch die kommerziellen Fernsehsender gaben sich seriös und verzichteten auf das Filmen von Leichenteilen.

„Der Unfall und die Medien“ – das war eine beliebte Facette der Medienberichte vom Unfall. In der „Berliner Zeitung“ hatte auch das Feuilleton den Lesern etwas auf den Weg zu geben, auf der Medienseite erschien bereits am 5. Juni die vergleichende Analyse der Eschede-Computergrafiken in verschiedenen Zeitungen. „Die Zeit“ reagierte eine Woche darauf mit einem intelligent geschriebenen Dossier.

Live und kompetent zu sein, war das Gebot der Stunden nach dem Unglück. Unter dem Druck der Aktualität mußten immer schneller neue Bilder her, sollten sich die gedruckten Berichte vom Standard der Nachrichtenagenturen unterscheiden. Sondersendungen wurden angesetzt, der ARD-Brennpunkt war mit 40 Prozent der Quotenrenner. „Focus“ nutzte die Katastrophe bzw. den Aufmacher dazu, um 70 000 zusätzliche Exemplare zu potentiellen Lesern zu schicken.

Der Fernsehjournalist am Unfallort und auch der im Studio hat es so einfach nicht, denn liegt bei den Fernsehsendern das Bildmaterial

vor, muß in passender Länge und in entsprechendem Stil der Text hinzugefügt werden. Woher aber nehmen und nicht stehlen?
Im Prinzip folgt die Berichterstattung nach großen Eisenbahnunfällen folgendem Muster: Blick auf die Unfallstelle, nichtssagende Worte von Pressesprechern, Interviews mit Helfern. Dann ist noch „ein Herr von der Bahn im Bild, der die Ursache des Unglücks erörtert. Man merkte: der darf nichts sagen, muß aber so tun als ob und ‚zuerst einmal' Beileid bekunden. Dann, live, ein Sanitäter, schwitzend. ‚Gibt's noch Hoffnung?' – ‚Nein'" (Barbara Sichtermann in der „Zeit" vom 10. Juni 1998)
Rasch wurden Bilder früherer Ereignisse aus den Archiven gekramt, Experten für die Sondersendungen und Interviews zusammengesucht. Die, die etwas hätten sagen können, mauerten oder bekamen von ihrem Vorstand einen Maulkorb verpaßt, ungeachtet der Beteuerungen von der „rückhaltlosen Aufklärung".
So sah man verwundert, wer sich bei „Sabine Christiansen" und bei Erich Böhmes „Talk im Turm" einfand, um seinen Senf dazu zu geben. Wieviele Professoren sich als Eisenbahnexperten ausgaben! Man hatte noch nie von ihnen etwas gelesen oder gehört, was nicht zu verwundern brauchte, sah und hörte man doch beispielsweise, daß einer der Professor-Experten aus Hannover nicht einmal mit dem Terminus Radreifen etwas anzufangen wußte.
Nach Böhmes seltsamer Frage „Und dann hat's richtig gekracht?" giftete der Unfallzeuge Wolf Rüdiger über das niedrige Sicherheitsniveau bei der Bahn, wo doch jeder Lkw eine Fülle von Meß- und Warneinrichtungen habe, damit er nicht schneller als 80 km/h führe. Auf diese Behauptung ging niemand ein, ebensowenig fragte jemand, wie man sich dann die täglichen schweren Lkw-Unfälle zu erklären habe.
Zwei Vertreter der Gewerkschaft der Eisenbahner waren an Stelle von DB-Vorstandsmitgliedern erschienen, wußten aber auch nichts Griffiges vorzutragen.
Der Gewerkschaftschef Rudi Schäfer bäumte sich lediglich auf, als Sabine Christiansen ihn fragte, ob die Personaleinsparungen zum Unfall geführt haben könnten: „Man kann der Bahn viel vorwerfen, aber an der Sicherheit wird nicht gespart", behauptete Schäfer, ganz vergessend, daß seine Gewerkschaft wiederholt die horrenden Überstunden bei Lokomotivführern einerseits und den Überbestand von Lokomotivführern anderenorts angeprangert hatte. Nur nicht das Nest beschmutzen!
Live zu berichten, diese Stärke des Fernsehens war ganz wichtig. Aus der Christiansen-Sendung wurde zu Jörg Hafkemeyer in Eschede umgeschaltet, doch was sollte der durch seinen ruhigen Tonfall bekannte Journalist sagen? Alles, was zu sagen war, war bereits gesagt worden. Hafkemeyer wußte denn auch nichts mehr zu sagen und redete ... über das Schweigen im Dorf!
Während der DB-Vorstandsvorsitzende, solange sich die Gerüchte über die Ursache des Unglücks noch nicht verdichteten, ohne

„Die Zahl der Bundesbürger, die ein Monoblockrad von einem Radreifen unterscheiden können, ist in diesen zwei Nach-Eschede-Wochen rasant gestiegen. Nur was nun besser ist, ob überhaupt ein System besser ist, und welche Pannen es wann und wo gab – dazu schweigt der Konzern. Spekulationen blühten mangels Fakten."
Jörn Hasselmann
im „Tagesspiegel"

Was der Frau und dem Mann beim Kaffeetrinken tatsächlich im Kopf herumging, sei dahingestellt. Sicher ist jedoch eines: Der Live-Effekt sollte offenbar um jeden Preis ausgedehnt werden – selbst um den der Sinnentleerung. Denn sichtbar und hörbar, weit und breit, gab es keine Neuigkeiten mehr. Jedenfalls keine, von denen man behaupten könnte, sie seien von öffentlichem Interesse. Bisweilen wäre deshalb zu wünschen gewesen, die Reporter hätten es halten mögen wie die Menschen an der Unglücksstätte, über deren Schweigen Jörg Hafkemeyer endlos referierte.

Gitta „Düpertal"
im „journalist"

Unterlaß redete, als wolle er ohne Unterlaß schweigen, flüchteten sich andere zu üblichen Formeln. Klaus Rathert, der Oberkreisdirektor von Celle: „Wenn es einen Sinn in dieser Katastrophe gibt, dann in der Gemeinschaft der Retter. Es war hier ein Stück Staat." Ein evangelischer Pfarrer: „Für einen Angehörigen ist es sehr wichtig, diese Verlusterfahrung in sein Lebenskonzept zu integrieren."

Überhaupt, Stil und Ausdruck des Deutsches in solchen Situationen! Heutige Reporter sind selten Meister der Grammatik, übten sich aber plötzlich in der starken Deklination, sprachen vom „geborstenen" Rad. „Man kann sich bei diesen Leichenteilen schon mal verzählen", so Hafkemeyer. „Haben Sie so was schon mal erlebt?", fragte eine Reporterin einen Helfer, als bereits feststand, daß das Escheder Unglück eines der größten in Deutschland ist. n-tv pries sich an: „Natürlich haben wir eine Fülle anzubieten, so gibt es zum Beispiel Probleme mit der Identifizierung der Leichen." Die englischen Floskeln sind sonst Mode, wie „Crash" für Zusammenstoß, plötzlich blitzte obendrein ein Hauch vom Französischen in unsere Stuben: vom „Waggon" war andauernd die Rede, allerdings ohne vorgestelltes „le". GAU (= größter anzunehmender Unfall, zunehmend Gau geschrieben) reichte einem (Eisenbahn-)Magazin für Vorbild und Modell nicht, Eschede war ein „Super-GAU".

Nach der Katastrophe erschien jede Meldung wichtig, die irgendwie mit der Eisenbahn zusammenhing, sonst aber im Papierkorb gelandet wäre. Eine Aufstellung von Anschlägen auf den Eisenbahnbetrieb wurde zum „Geheimpapier", bei Boizenburg auf die Schiene gelegte Fliesen, über die der IC „Carl von Ossietzky" fuhr, erschienen als Sensationsmeldung. Der außerplanmäßige Halt des Unglückszuges „auf freier Strecke" zwischen Würzburg und Fulda – ein Indiz wegen eines Schadens? Nein, davon war der Bahn nichts bekannt, später doch: ein zusätzlicher Zugbegleiter sei zugestiegen. Auf freier Strecke? Die vom „Focus" am 29. Juni bekanntgemachte Merkwürdigkeit blieb bislang unaufgeklärt.

Auch die regionale Presse suchte nach dem adäquaten Thema. Der „Hellweger Anzeiger" opferte am 23. Juni eine Seite für „Bürger fürchtet: Methler wird zweites Eschede". Ein Notlaschenverband sichert das Gleis an der Strecke Dortmund – Hamm. Ein Bahnsprecher beschwichtigte: Halb so schlimm, das Gleis wird ständig überprüft. Die Nachricht vom Zusammenstoß zweier Straßenbahnen bei Bruchsal wurde in der heute-Sendung des ZDF eingeleitet: „Schon wieder ist die Deutsche Bahn von einem Unfall betroffen". Obwohl es die Albtalbahn traf. Die „Norddeutsche Rundschau" bemerkte in ihrem Leitartikel vom 19. Juni zur neuen, vorübergehenden Sensibilität: „Meldungen häufen sich, daß ICE-Lokführer ihre Züge wegen seltsamer Geräusche – verständlicherweise – abbremsen oder ganz stoppen. Aber wann hat man früher je davon gehört?"

Wie zu erwarten war, versuchten einige Journalisten, deren Redak-

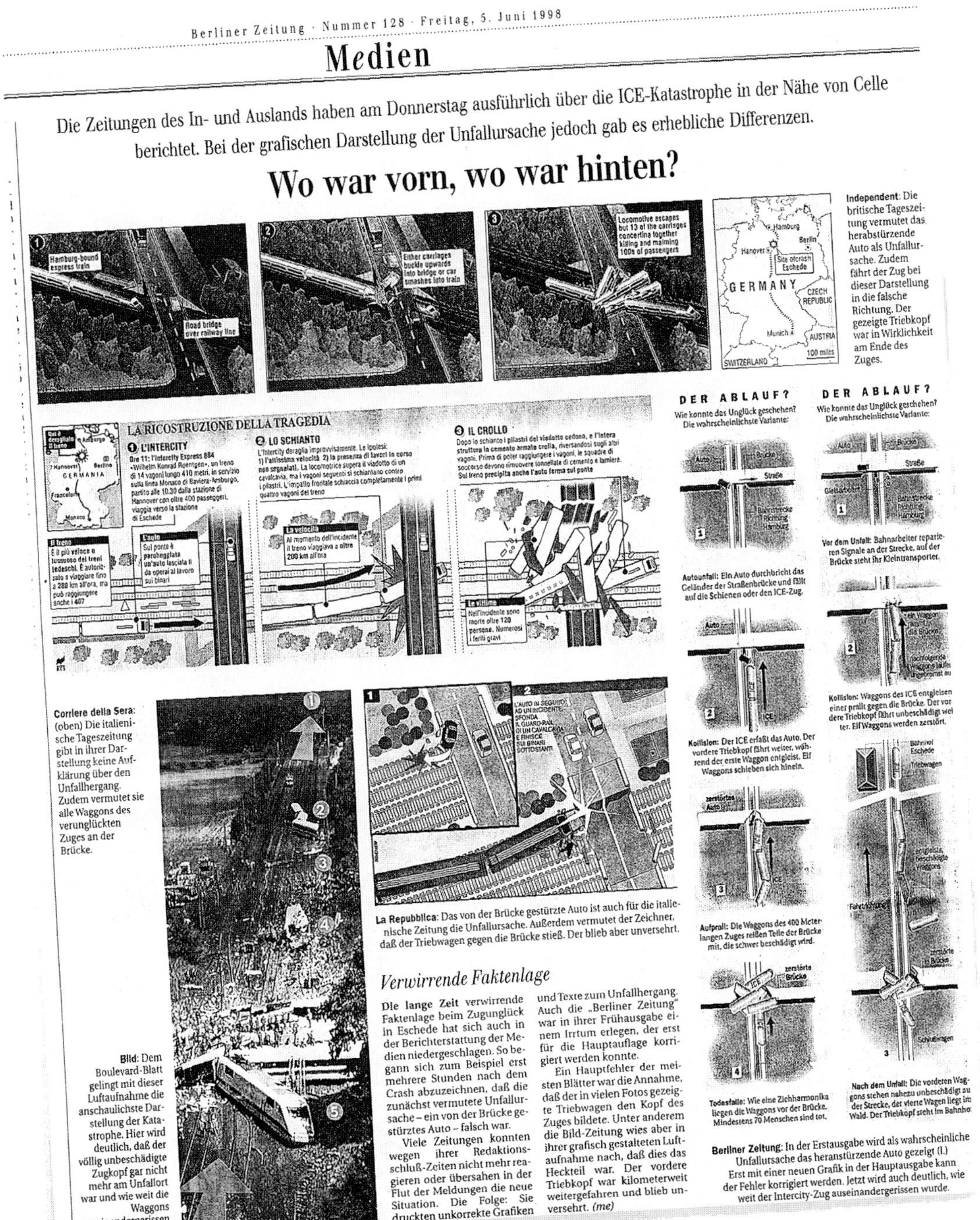

Berliner Zeitung · Nummer 128 · Freitag, 5. Juni 1998

Medien

Die Zeitungen des In- und Auslands haben am Donnerstag ausführlich über die ICE-Katastrophe in der Nähe von Celle berichtet. Bei der grafischen Darstellung der Unfallursache jedoch gab es erhebliche Differenzen.

Wo war vorn, wo war hinten?

Independent: Die britische Tageszeitung vermutet das herabstürzende Auto als Unfallursache. Zudem fährt der Zug bei dieser Darstellung in die falsche Richtung. Der gezeigte Triebkopf war in Wirklichkeit am Ende des Zuges.

DER ABLAUF?
Wie konnte das Unglück geschehen? Die wahrscheinlichste Variante:

Autounfall: Ein Auto durchbricht das Geländer der Straßenbrücke und fällt auf die Schienen oder den ICE-Zug.

Kollision: Der ICE erfaßt das Auto. Der vordere Triebkopf fährt weiter, während der erste Waggon entgleist. Elf Waggons schieben sich hinein.

Aufprall: Die Waggons des 400 Meter langen Zuges reißen Teile der Brücke mit, die schwer beschädigt wird.

Todesfalle: Wie eine Zichharmonika liegen die Waggons vor der Brücke. Mindestens 70 Menschen sind tot.

DER ABLAUF?
Wie konnte das Unglück geschehen? Die wahrscheinlichste Variante:

Vor dem Unfall: Bahnarbeiter reparieren Signale an der Strecke, auf der Brücke steht ihr Kleintransporter.

Kollision: Waggons des ICE entgleisen einer prallt gegen die Brücke. Der vordere Triebkopf fährt unbeschädigt weiter. Elf Waggons werden zerstört.

Nach dem Unfall: Die vorderen Waggons stehen nahezu unbeschädigt au der Strecke, der vierte Wagen liegt im Wald. Der Triebkopf steht im Bahnho

Corriere della Sera: (oben) Die italienische Tageszeitung gibt in ihrer Darstellung keine Aufklärung über den Unfallhergang. Zudem vermutet sie alle Waggons des verunglückten Zuges an der Brücke.

La Repubblica: Das von der Brücke gestürzte Auto ist auch für die italienische Zeitung die Unfallursache. Außerdem vermutet der Zeichner, daß der Triebwagen gegen die Brücke stieß. Der blieb aber unversehrt.

Bild: Dem Boulevard-Blatt gelingt mit dieser Luftaufnahme die anschaulichste Darstellung der Katastrophe. Hier wird deutlich, daß der völlig unbeschädigte Zugkopf gar nicht mehr am Unfallort war und wie weit die Waggons auseinandergerissen wurden.

Verwirrende Faktenlage

Die lange Zeit verwirrende Faktenlage beim Zugunglück in Eschede hat sich auch in der Berichterstattung der Medien niedergeschlagen. So begann sich zum Beispiel erst mehrere Stunden nach dem Crash abzuzeichnen, daß die zunächst vermutete Unfallursache – ein von der Brücke gestürztes Auto – falsch war.

Viele Zeitungen konnten wegen ihrer Redaktionsschluß-Zeiten nicht mehr reagieren oder übersahen in der Flut der Meldungen die neue Situation. Die Folge: Sie druckten unkorrekte Grafiken und Texte zum Unfallhergang. Auch die „Berliner Zeitung" war in ihrer Frühausgabe einem Irrtum erlegen, der erst für die Hauptauflage korrigiert werden konnte.

Ein Hauptfehler der meisten Blätter war die Annahme, daß der in vielen Fotos gezeigte Triebwagen den Kopf des Zuges bildete. Unter anderem die Bild-Zeitung wies aber in ihrer grafisch gestalteten Luftaufnahme nach, daß dies das Heckteil war. Der vordere Triebkopf war kilometerweit weitergefahren und blieb unversehrt. *(me)*

Berliner Zeitung: In der Erstausgabe wird als wahrscheinliche Unfallursache das heranstürzende Auto gezeigt (l.) Erst mit einer neuen Grafik in der Hauptausgabe kann der Fehler korrigiert werden. Jetzt wird auch deutlich, wie weit der Intercity-Zug auseinandergerissen wurde.

Die „Berliner Zeitung" verglich die Info-Grafiken. Überraschender Befund:

Am aussagekräftigsten war „Bild" mit einem ganz gewöhnlichen Foto

„Was mich persönlich verwundert, das ist der 'vorauseilende Gehorsam' der Medien. Sieht man von René Heiligs Beitrag in Neues Deutschland vom Mittwoch ab («Eisenbahnunfälle/Nicht nur 'Heißläufer' bleiben auf der Strecke»), dann hängen die Medien fast durchweg am Informationstropf der Cottbusser Staatsanwaltschaft. Kein 'investigative journalism', kein aufdeckender, selbst ermittelnder und enthüllender Journalismus. Die grundgesetzlich verbriefte Pressefreiheit ist aber auch dazu gedacht, den offiziell ermittelnden Instanzen auf die Finger zu sehen. Das kann nicht ein Monopol einzelner Nachrichtenmagazine sein."
Harald Wessel *zur Berichterstattung über den Eisenbahnunfall in Elsterwerda in „junge Welt"*

tionen das Thema auch drei Tage nach dem Ereignis noch wichtig war, tiefer in die Materie einzudringen, standen aber der Barriere von Pressesprechern und deren fachlichem Unverstand gegenüber. Die gingen erfolgreich ihrer Aufgabe nach, zu vertuschen und abzulenken, Informationen nur tröpfchenweise abzugeben. Während beim Unfall in Elsterwerda den Redakteuren nichts anderes übrig blieb, als das eisenbahntechnische „Wissen" um Heißläufer von Brandmeistern anzuzapfen, schließlich bis auf ganz wenige Ausnahmen alle Journalisten nur noch der Version eines Cottbuser Staatsanwaltes folgten, besannen sich nach Eschede einige wenige Vertreter der Zunft ihrer Aufgabe, zu recherchieren. Denn als der „Radbruch" als Ursache ins Spiel kam, verbreitete sich die Entrüstung.

Von der Deutschen Bahn AG war nicht viel zu erfahren, ihr als Interviewpartner hoffnungslos überforderter Chef Ludewig reagierte auf die bohrenden Fragen der heute-Journal-Redakteurin unwirsch und sich ständig wiederholend – vielleicht mit der Hoffnung, nach drei Minuten bin ich sowieso vom Sender. Andere Redaktionen fanden Eisenbahner, die mehr Bescheid wußten und auch etwas mitzuteilen wagten. So lieferte das „eisenbahn magazin" bereits Ende Juni in der Nummer 7/1998 einen fachlich überzeugenden Bericht über die möglichen tieferen Ursachen der Katastrophe. Das war neu, da sich die sogenannten Eisenbahn-Publikumszeitschriften bei solch „häßlichen Themen" wie Unfällen zuvor meist abstinent verhielten. Die sonst eher öde verfaßte Ingenieurzeitung „VDI-Nachrichten" machte in der Ausgabe vom 12. Juni das ICE-Unglück groß auf, wenn sie auch hartnäckig von der „Deutschen Bundesbahn" schrieb. Die monatlich erscheinende DB-Mitarbeiterzeitung „Bahn-Zeit", bekannt für ihre Heile-Bahn-Welt-Berichte im „Bild"-Duktus, zog auf den Unfallseiten ihr Color zurück und brachte den Bericht des Eisenbahn-Bundesamtes „im Wortlaut".

Trotzdem: Die Redaktionen wollten mehr wissen. Vorstand und Öffentlichkeitsarbeiter der Bahnzentrale reagierten auf die bohrenden Fragen in bekannter Manier. Am 9. Juni veröffentlichten sie folgende Presseinformation: „Die Staatsanwaltschaft hat mit ihren Ermittlungen jetzt das Wort. Im Benehmen mit der Staatsanwaltschaft und im Interesse eines ungehinderten Ablaufs der staatsanwaltschaftlichen Ermittlungen bittet die Deutsche Bahn AG um Verständnis, daß sie sich zu allen Themen, die im weitesten Sinne mit den möglichen Ursachen des Unfalls von Eschede zusammenhängen könnten, nicht äußert."

Tags darauf schickte der dem DB-Vorstand ergebene Werner Mößinger, Vorsitzender des Gesamtbetriebsrates, seinen „lieben Kolleginnen und Kollegen" einen Brief, in dem er einiges durcheinander brachte. Daß Eisenbahnunfälle aus Vorsatz herbeigeführt werden, „um da und dort Geld zu sparen", hatte niemand behauptet. Daß es – von Auswüchsen abgesehen – eine Presse als Bestandteil der demokratischen Ordnung gibt, die aufzuklären hat, schien Mößinger entgangen zu sein. Denn er schrieb: „Wer da meint, mit der Hilfe sensationslüsterner Reporter seiner Profilsucht frönen zu sollen, indem er die Bahn in Verruf bringt oder Mitarbeiter kriminalisiert, der schadet nicht nur unserem Unternehmen und damit uns allen, der sollte sich vor allem fragen, was er in der Seele der vom Unglück unmittelbar Betroffenen anrichtet. So jemand hat in unserer Gemeinschaft (sic!) nichts zu suchen!" Mößinger verwechselte Ursache und Wirkung, wenn er behauptete: „Die Diskussion (über notwendige Verbesserungen – E.P.) muß aber intern stattfinden; sie gehört nicht in die Medien. Nicht weil wir etwas zu verbergen hätten, sondern weil ein vernünftiger Lernprozeß nicht möglich ist, wenn er ständig von der Sensationspresse begleitet wird."

So unbequem die Wahrheit sein mag, die von Eisenbahnunfällen mehr oder weniger unmittelbar betroffene Öffentlichkeit hat ein legitimes Interesse, daß Diskussionen über Verantwortlichkeit und über Verbesserungen ihrer Sicherheit nicht intern geführt werden. Mit den „internen Diskussionen" hat auch der Eisenbahner seine Erfahrung, nämlich die, daß sich kaum etwas ändert. Und wenn, dann nur auf technischem Gebiet.

Der den Eisenbahnern eng angezogene Maulkorb führte zu kuriosen Erscheinungen. Briefe mit Vorschlägen zur Betriebssicherheit werden vom Bundesverkehrsministerium lapidar, von der Deutschen Bahn AG überhaupt nicht beantwortet, Fragen zu dem nach den schweren Eisenbahnunfällen von 1997 in der Öffentlichkeit verkündeten 300-Millionen-Mark-Sicherheitsprogramm werden nicht beantwortet, oder der Journalist wird hingehalten. Die DB-Pressesprecherin in Berlin durfte dem „Tagesspiegel" nicht einmal antworten, ob bei der Rückrufaktion für ICE-Züge der ersten Generation diese auch in Berlin-Rummelsburg untersucht wurden. Was wäre da zu verbergen gewesen?

Einige Journalisten sind freilich einfältig genug, um jede Sprechblase unreflektiert als wichtige Information zu nehmen und „weiterzuverkaufen", wie es im Branchenjargon heißt. Als sich die Erkenntnisse der Untersuchungskommission verdichteten und der Bericht vor dem Verkehrsausschuß des Deutschen Bundestages zu erwarten war, ging die Deutsche Bahn AG, wie dpa glaubte, in die „Informationsoffensive". Johannes Ludewig und Roland Heinisch präsentierten, so verbreitete die Nachrichtenagentur, „der staunenden Öffentlichkeit bislang unbekannte Details".

Ungeachtet der Verdikte von Bahnvorstand und Betriebsratsvorsitzendem beschäftigten sich die Bürger des Landes mit Eschede und vor allem mit der Bahn. Den Leserbriefen wurde reichlich Platz eingeräumt, und es war neben allerlei Törichtem auch einiges Bemerkenswertes zu lesen. Während einige den Geschwindigkeitswahn und dabei den Transrapid kritisierten, sahen andere den Vorteil des Magnetschwebezuges oder der von Umweltschützern abgelehnten Neubaustrecken, weil sie

„Es beruhigte ungemein, als die Medien verkündeten, den Opfern und Helfern des schweren Zugunglücks von Eschede habe man Seelsorger zur psychologischen Betreuung zur Seite gestellt. Dank gilt denen, die so schnell Hilfe aus diesem Bereich gefordert und organisiert haben. Also brauchen wir Gott doch noch. Wie wichtig ein gutes Wort oder einfach nur dasein ist, können wir in der Leistungsgesellschaft, in der wir uns befinden, gar nicht hoch genug einschätzen."
Gertrud Maus
im „Rheinischen Merkur"

„Die meisten, die auf psychologische Betreuung angesprochen werden, lehnen das Gequatsche ab. Die Auswirkungen des erlebten Unfalls kommen viel später."
Ein ***Arzt*** *zu einem Rundfunkreporter*

SONDERVERÖFFENTLICHUNG

Vorsorgen und die letzten Dinge ordn

tz

Nr. 141 Dienstag,

BESTATTUNG, GRABPFLEGE UND TESTAMENT

ICE als Symbol für das Tabu-Thema Tod

Unglück hätte jeden treffen können – Gedanken über Unausweichliches

Ohne jede Vorankündigung ist der Tod in Gestalt der ICE-Katastrophe wie ein Meteorit mit unbeschreiblicher Gewalt in das – abgesehen von ein wenig Wahlkampf-Vorgeplänkel sonst ziemlich gemächlich dahin plätschernde – Leben unseres Landes eingeschlagen. Es gibt wohl so gut wie keinen Bürger, der nicht fassungslos vor dem unbegreiflichen Grauen stünde, das die Hölle am Bahndamm von Eschede hinterlassen hat. Der Schock sitzt auch den nicht Beteiligten tief in den Knochen, vor allem weil das Unglück unentrinnbar jeden hätte treffen können.

Jenseits von gebrochenen Radreifen und Ultraschalltests konnte damit die tödliche Realität, die das Leben jedes Menschen begleitet, plötzlich wieder für einige ganz kurze Augenblicke ins Rampenlicht der allgemeinen Aufmerksamkeit treten.

Aber er entwischt den vor lauter Lebenslust strotzenden Zeitgenossen eben doch immer wieder und rüttelt sie dann unsanft auf aus ihrer trügerischen Selbstsicherheit, in die sie ein Leben voll Diesseitigkeit eingelullt hat.

Jedoch auch alle, für die sich ihr Dasein nicht bloß in Pseudo-Werten wie der Karriere, dem Bankkonto oder dem Motto ‚Fit for fun' erschöpft, sinnieren angesichts all der Toten, vieler für ihr Leben von schwersten Verletzungen Gezeichneter, zerrissener Familien, untröstlich Hinterbliebener und der Traumata, die nicht wenige Helfer lange verfolgen werden, weshalb sich der Sensenmann seine Opfer so wahllos aussuchte. Eine erschöpfende Antwort auf diese quälende Frage wäre mehr als Scharlatanerie.

Im Gegenteil – trotz Aufklärungsphilosophie und Mikrochip erscheint es auch weit davon entfernt sind, die Lösung schon in Händen zu halten. Und daß die Chancen überhaupt eher gering sind, sie jemals zu finden. Das heißt aber nicht – und darin unterscheidet sich eine solche Haltung fundamental von falscher Gottergebenheit –, nicht alle zu Gebote stehenden Kräfte einzusetzen, ständig weiter nach Erklärungen zu suchen.

In diesem Sinne kann der machtvolle Auftritt von Leid und Tod zumindest den Weg zu der Überlegung ebnen, ob denn die Konfrontation mit den Bildern vom Wrack als Massengrab nicht wenigstens diesen kleinen Funken Sinn enthalten könnte: daß dadurch das Sterben, eines der größten Tabus unserer Industrie- und Kommunikationsgesellschaft, mal wieder Thema gewesen ist.

Ratlosigkeit wird deswegen ...

Mitleid und Furcht packt vermutlich jeden, der sich geistig in ein Abteil des ICE 884 „Wilhelm Konrad Röntgen" hineinversetzt. Der entgleiste Zug wird dann urplötzlich zum unumstößlichen Symbol für die häufig verdrängte Wirklichkeit, die sich nun nicht mehr wegdiskutieren läßt, daß für jeden einmal der Morgen anbrechen wird, an dem er – möglicherweise genauso ahnungslos wie die Opfer von Eschede – in einen Zug einsteigt, der den planmäßigen Zielbahnhof nicht erreicht.

Zweifellos ist es ziemlich hart, sich bereits jetzt solche Gedanken über das Unausweichliche zu machen. Aber es kann letzten Endes auch sehr heilsam sein. Denn bekanntlich haben Ängste, die nur erst einmal artikuliert sind, nicht selten ihren größten Schrecken schon verloren. Und so könnte das un...

Zusammengesunken betet ein Bewohner von Eschede an dem Erinnerungskreuz für die Opfer der ICE-Katastrophe.

Über Trauer soll man sprechen

„Trauer darf nicht verdrängt werden", sagt Helga Thomas, Mitbegründerin eines Gesprächskreises für Trauernde. Nicht verarbeitete Trauer führe hingegen nicht nur zu Depressionen, sondern auch zu Magen- und Kreislaufbeschwerden. In einem solchen Gesprächskreis brauchen die Betroffenen keine Energie aufzuwenden, um sich die Trauer nicht anmerken zu lassen. Sich auch gemeinsam Fragen nach dem Sinn des Lebens und dem Leben nach dem Tod zu stellen, ist ein hoffnungsvoller Ansatz zur Bewältigung der Trauer. Denn mit einem freundschaftlichen, aber pauschalen „Da mußt Du durch" ist in der Regel kaum einem geholfen. Denn jeder trauert auf seine Weise. ec

Keine drei Wochen nach dem Unglück muß Eschede bereits als „Aufhänger" für die Werbung herhalten

meinten, mit ihm bzw. auf ihnen könne so etwas wie in Eschede nicht passieren.

Professor G. aus Würzburg schmeckte nicht, daß die Deutsche Bahn AG keinem ICE mehr den Namen des Unglückszuges „Wilhelm Carl Röntgen" geben wird: „Unglaublich, daß einer der größten Wohltäter der Menschheit [...] nun für den Geschwindigkeitsrausch der Bahn büßen soll."

Dr. N. in Marburg hatte die Katastrophe gezeigt, daß der ICE „ein willkommenes Ziel für Terroristen und daher hochverwundbar" ist.

H. aus Hannover will die „Abschichtung von Kontrollarbeiten an den Zügen" bemerkt haben, „die bisher von erfahrenen Wagenmeistern durchgeführt wurden, nun aber von weniger erfahrenen, geringer bezahlten Mitarbeitern."

Die Vorschläge in den Leserbriefen reichten von der Forderung nach Ablösung des – am ICE-Unfall ganz unschuldigen – Fernverkehrsvorstandes Axel Nawrocki, über die Begrenzung der Geschwindigkeiten auf 100 km/h auf Autobahnen und 160 km/h auf Schienen bis zu induktiven Näherungssensoren am Fahrgestell.

Hinweise über den Wert der Notbremse fehlten in den Leserbriefspalten ebensowenig wie Hinweise auf die Verkehrstoten im Straßenverkehr, und es wurde die Anschnallpflicht der Bahnreisenden verlangt.

Hervorgehoben wurden häufig die den Fernsehberichten nachgeplapperten angeblichen Vorzüge des TGV hinsichtlich der Jakobsdrehgestelle und Knautschzonen (als hätte die der ICE nicht in Gestalt seiner Einstiegsräume!), aber auch der Kostendruck, der zu Versäumnissen bei der Bahn führe.

R. aus München und W. aus Dresden verwiesen auf andere Gefahrenquellen im Hochgeschwindigkeitsverkehr, wie von Brücken herabstürzende Fahrzeuge und das Schieben des hinteren Triebkopfes (eine von der Trägheit des schweren Triebkopfes abgesehen unbegründete Furcht, denn beim Reißen des Zuges werden der Antrieb beendet und die Zwangsbremsung ausgelöst – E.P.). Die Brücke von Eschede ist zentrales Thema der Leserdiskussionen: Durfte sie dort stehen? Durfte sie so gebaut werden? Darf es an Schnellfahrstrecken überhaupt Brücken geben?

Auch einiges aus Philosophie und Religion fand sich in den Leserbriefspalten und im Internet. Dort hatte 24 Stunden nach dem Unglück „Der Spiegel" zwei Diskussionsforen eingerichtet. Wortmeldung 18 von T.: „Unsere von männlicher Technik bestimmte Infrastruktur braucht einen sofortigen Wandel zu mehr Feminismus." Auch solches las man: „Hat die Regenbogenpresse zur Sabotage gegriffen, um ihre Auflagen wieder anzuheben?" Leser äußerten ganz prinzipiell: Wer kein Risiko möchte, muß sich aus der zivilisierten Welt zurückziehen.

Den Vogel an kreativem Journalismus schoß sicherlich eine Münchner Boulevardzeitung ab, die eine anzeigenträchtige „Verlags-Sonderveröffentlichung" ins Blatt rückte. Den Beerdigungsinstituten und Sterbegeldversicherern bot sie das passende „redaktionelle Umfeld" mit einem Beitrag unter der Überschrift „ICE als Symbol für das Tabu-Thema Tod".

„Auch wenn die ursprüngliche Vermutung, ein Pkw sei auf die Gleise gestürzt, nicht zutraf: Wie sicher gegen herabstürzende Fahrzeuge sind generell die über Eisenbahnstrecken führenden Straßenbrücken?"
Hansjörg Reinhold
in der „Süddeutschen Zeitung"

6. Was folgt?

Geht es nach den Technikern und Optimisten, lautet das Rezept nach dem ICE-Unfall: Alles durchchecken! System optimieren! Alarmfunktionen einbauen! Restrisiko unvermeidlich!

Letzteres erklärte auch Johannes Ludewig, der Bahnchef, der damit bestätigte, was alle seit Eschede wußten: die ICE-Technik ist nicht fehlerfrei. Wenn die Höchstgeschwindigkeit der Züge vorübergehend auf 160 km/h beschränkt wurde, diente das nur dazu, die Öffentlichkeit zu beruhigen. Einen auf Sicherheitsgrundsätzen beruhenden Hintergrund hatte diese Vorkehrung nicht. Wirkungsvoller schien die Ankündigung Ludewigs, man werde die gesamten Sicherheitsgrundsätze durchdenken.

Dazu ist er verpflichtet, denn der Bundesgerichtshof hatte bereits am 10. Oktober 1978 nach der Entgleisung des D 370 bei Rheinweiler geurteilt, die Organe der Deutschen Bundesbahn hätten die Sicherheitsvorkehrungen zu treffen, die sie nach dem jeweiligen Stand der Technik als verständige, umsichtige, vorsichtige und gewissenhafte Fachleute für das Eisenbahnwesen

1. für ausreichend halten dürfen, um Personen vor Schäden zu bewahren und
2. die den Umständen nach zumutbar sind.

Hinter der zuvor genannten Absicht steckt neben den Sicherheitsmaßnahmen, die den anerkannten Regeln der Technik entsprechen, die Abkehr von dem zuvor vorherrschenden Prinzip, jeden Unfall zu vermeiden.

Nach Eschede scheint man sich dem passiven Unfallschutz mehr zuzuwenden, nämlich im Falle eines Unfalls den Schaden möglichst gering zu halten. Das könnte die Abkehr vom energie- und kostensparenden Leichtbaukonzept bedeuten, das einmal bejubelt wurde, aber beim Eisenbahn-Bundesamt ohnehin wenig Anklang fand. Ob es zur Anschnallpflicht

Der Bahnvorstand hatte keine Lust mehr, auf die Fragen der Medien zu antworten

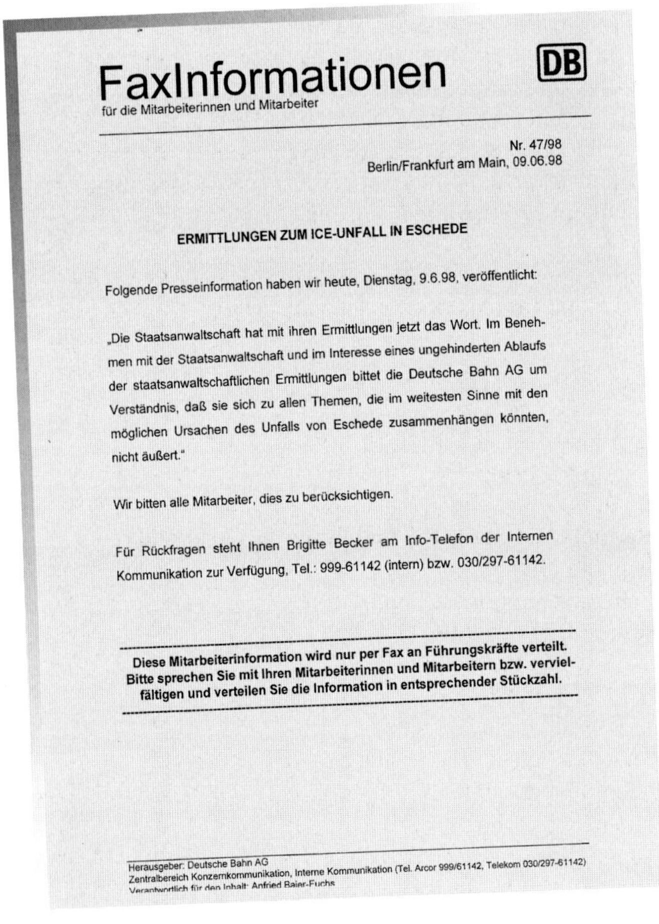

FaxInformationen
für die Mitarbeiterinnen und Mitarbeiter

DB

Nr. 47/98
Berlin/Frankfurt am Main, 09.06.98

ERMITTLUNGEN ZUM ICE-UNFALL IN ESCHEDE

Folgende Presseinformation haben wir heute, Dienstag, 9.6.98, veröffentlicht:

„Die Staatsanwaltschaft hat mit ihren Ermittlungen jetzt das Wort. Im Benehmen mit der Staatsanwaltschaft und im Interesse eines ungehinderten Ablaufs der staatsanwaltschaftlichen Ermittlungen bittet die Deutsche Bahn AG um Verständnis, daß sie sich zu allen Themen, die im weitesten Sinne mit den möglichen Ursachen des Unfalls von Eschede zusammenhängen könnten, nicht äußert."

Wir bitten alle Mitarbeiter, dies zu berücksichtigen.

Für Rückfragen steht Ihnen Brigitte Becker am Info-Telefon der Internen Kommunikation zur Verfügung, Tel.: 999-61142 (intern) bzw. 030/297-61142.

Diese Mitarbeiterinformation wird nur per Fax an Führungskräfte verteilt. Bitte sprechen Sie mit Ihren Mitarbeiterinnen und Mitarbeitern bzw. vervielfältigen und verteilen Sie die Information in entsprechender Stückzahl.

Herausgeber: Deutsche Bahn AG
Zentralbereich Konzernkommunikation, Interne Kommunikation (Tel. Arcor 999/61142, Telekom 030/297-61142)
Verantwortlich für den Inhalt: Anfried Baier-Fuchs

im Eisenbahnwagen kommt, ob beim ICE neben den Einstiegsräumen weitere Knautschzonen geschaffen werden, sei dahingestellt. Die Fachleute sind sich über den Wert solcher Vorkehrungen uneins.

Ludewig nannte am 8. Juli gegenüber dem Aufsichtsrat der Deutschen Bahn AG die Leitgedanken, nach denen sich die Bahn nach dem Eschede-Unfall orientiert:

- Leid der Betroffenen mindern,
- eventuelle Risiken beim Betrieb der ICE-1-Züge ausschließen,
- Fernverkehr in Deutschland sicherstellen,
- die Öffentlichkeit möglichst umfassend und zeitnah informieren,
- die Unfallursachen vollständig aufklären.

Die ersten Maßnahmen nach dem Unfall

Für sinnvolle Entscheidungen müssen die Gutachten der Sachverständigen abgewartet werden, die Aufschluß geben, ob der Schaden am Radreifen durch fehlerhaftes Material oder auf Überbeanspruchung zurückzuführen ist. Erst danach und wenn der Nachweis der Betriebssicherheit erbracht ist, wird das Eisenbahn-Bundesamt die Verwendung der gummigefederten Räder gegebenenfalls gestatten.

Kritik gab es immer wieder an der angeblich falsch gewählten Kegelneigung der Lauffläche. Für das Profil ORE-S 1002 entschied sich die Deutsche Bundesbahn 1978, worauf noch zurückzukommen ist. Dieses hatte sicherlich keinen Einfluß auf den Radschaden, sondern wurde seinerzeit als Optimum zwischen erträglichen Rollbewegungen einerseits und wirtschaftlicher Behandlung des Radreifenprofils andererseits gewählt.

Die Deutsche Bundesbahn wollte aus wirtschaftlichen Gründen nicht nach Laufleistungen von 20 000 bis 25 000 km die Radreifenprofile neu profilieren, sondern erst nach jeweils 300 000 km, wenn das sogenannte Verschleißprofil entstanden ist.

Schließlich wurden die Toleranzen so verändert, daß die Radreifen erst nach 1 Million km, beim ICE sogar erst nach rund 2 Millionen km bearbeitet wurden, wenn der Laufkreisdurchmesser von 920 mm bis auf 854 mm abgefahren war. Man glaubte, mit den Schwingungsdämpfern an den Drehgestellen, auch beim ICE-Mittelwagen, für den ruhigen Lauf des Fahrzeugs genügend getan zu haben.

Sofort nach dem ICE-Unfall wurde angeordnet, die Radreifen mit Gummieinlage bis zu ihrem Austausch höchstens bis 1 Million km laufen zu lassen. Der stärkere Radreifen ist gegen Riß und Bruch weniger anfällig.

Sehr schnell wird die Bahn das bisherige Diagnoseprüfverfahren verändern müssen. So wie die Schienen im Gleisnetz regelmäßig mit Hilfe des Ultraschalls inspiziert werden, wo man auf einem Monitor jedes Bohrloch, aber auch jeden beginnenden Riß erkennt, ist es möglich, die Radsätze der ICE-Fahrzeuge zu untersuchen. Solche

„Im Durchschnitt fährt ein ICE pro Tag 1500 Kilometer – das erfordert kurze Stand- und Wartungszeiten. Die ausgeklügelte Technik in der neuen DB-Anlage sorgt dafür, daß ein ICE im Alltagsbetrieb nur eine Stunde pausieren muß, bevor er nach der Ankunft aus Düsseldorf, Bonn oder Stuttgart/Frankfurt wieder auf die Reise geschickt werden kann. Darüber hinaus muß sich jeder ICE in regelmäßigen Intervallen weiteren Wartungs- und Inspektionsarbeiten unterziehen:

- Je nach Bedarf die Außenreinigung in der 'Waschstraße'.
- Nach jeweils 3500 Kilometern (alle zwei bis drei Tage) eine Laufwerkskontrolle in der Triebzughalle. Dabei überprüft eine rechnergesteuerte 'Radsatzdiagnose-Anlage', ob Raddurchmesser und Spurkranz noch in Ordnung sind. Bei Bedarf können Räder mit einer Unterflur-Drehsatzbank neu profiliert oder mit Hilfe von Luftkissen-Technik ausgetauscht werden.
- Eine umfassende Nachschau nach jeweils 20 000 Kilometern (alle zwei Wochen), zu der auch eine Bremsuntersuchung gehört.
- Verschiedene Instandhaltungsstufen, beispielsweise alle 60 000 Kilometer ('ISA 510'), die rund acht Stunden dauern."

*Aus der **DB-Presse-Information** zur Einweihung des ICE-Betriebswerks Berlin-Rummelsburg vom 22. Mai 1998*

Bei der seit 1995 weiterentwickelten Prüfanlage ARGUS der Hegescheidt MFD GmbH Erkelenz dringen die Ultraschallwellen etwa 10 mm in den rund 60 mm starken Radreifen ein.

Technik wird angeboten, und sie wurde von der Deutschen Bahn AG auch bereits getestet.

Dem in Hamburg abgeschalteten Radsatz-Diagnosesystem INSPEKTOMAT folgte ARGUS, das angeblich eindeutige Ergebnisse liefert. Liegen Risse und Materialausbröckelungen vor, werden vom Ultraschall Fehlerechos ausgelöst, der Zustand des Rades nach Amplituden und Signalkriterien bewertet und Risse als ein Zustand bewertet, nach dem der Radsatz ausgewechselt werden muß. Eine solche Prüfung gab es bereits beim INSPEKTOMAT, doch soll ARGUS präziser bewerten.

Schließlich könnte sich die Deutsche Bahn AG ihrer in der Hauszeitschrift „Bahn-Tech" 1/1996 vorgestellten Meßstrecke bei Northeim erinnern, die Radsätze bei Geschwindigkeiten bis zu 280 km/h kontrollierte und Flachstellen feststellte. Der Nachteil des Diagnosepunktes im ICE-Betriebswerk gegenüber einer solchen Meßstrecke ist, daß die Dynamik der schnellen Fahrt nur unvollkommen, eigentlich überhaupt nicht, nachvollzogen werden kann. Die Meßstrecke erfaßt Flachstellen, also unrunde Räder, nicht aber Risse. Gerade die Flachstellen beanspruchen die Räder und fördern den Verschleiß, möglicherweise auch den Riß.

Was unabhängig vom Ergebnis der Sachverständigen getan werden muß, weil es Stand der Technik ist:

- Einführung einer permanenten elektronischen Radsatzüberwachung, wie sie auch in jedem Oberklasse-Pkw zum Erkennen bevorstehender Reifenpannen zu finden ist.
- Einführung von Entgleisungssensoren, die auf außergewöhnliche vertikale Beschleunigung ansprechen und den Zug zwangsbremsen. Solche ließen die Schweizerischen Bundesbahnen entwickeln, nachdem sie nach dem Entgleisen von mit Gefahrgut beladenen Kesselwagen bittere Erfahrungen sammeln mußten. Auch beim ICE fällt bisher ein entgleister Wagen erst dann auf, wenn die Leitung der durchgehenden Druckluftbremse unterbrochen wird, also der Wagen sich vom Zug abreißt.
- Veränderungen bei den Führungskräften, die sicherheitsrelevante Entscheidungen treffen (daß solche Entscheidungen von Fachleuten vorbereitet werden, steht auch jetzt außer Zweifel), zu Gunsten eisenbahnfachlich Vorgebildeter.

Ludewig ist nicht verborgen geblieben, daß die strikte Divisionalisierung der Bahn sich auf das Zusammenwirken der Geschäftsbereiche auswirkte, daß die Vorbildfunktion der Leiter und ihre Entscheidungen an Autorität verloren, daß es um das Betriebsklima im Unternehmen Deutschen Bahn AG nicht gut bestellt ist (ein Indiz ist die schwache Beteiligung an der zweiten Mitarbeiterbefragung).

Ein Zeichen wurde gegeben, indem der Vorstand am 8. Juli 1998 dem Aufsichtsrat vorschlug, den Fachmann – auch und gerade für den Hochgeschwindigkeitsverkehr – Peter Münchschwander zum Vorstandsvorsitzenden der künftigen DB-Netz AG zu berufen. Wochen vorher hatte es geheißen, auf eigenen Wunsch werde Münchschwander nicht Vorstandschef. Vertraute berichteten jedoch, daß es keinen solchen „eigenen Wunsch" gab, für den ehrgeizigen Münchschwander wäre der Vorstandsvorsitz die Krönung seiner Laufbahn gewesen. Vielmehr war es so, daß man, wie üblich, die Führungskräfte von „Kopfjägern" der Delta Management Consultants holen ließ. Sie sollten – sofern sie keine originär fachlich-technische Funktion zu bekleiden hatten – nicht aus der Eisenbahnerhierarchie kommen, sondern mußten berufsfremd sein. Durch Eschede wurde dem Finanzwart eines Elektrokonzerns die Karriere bei der Bahn verhagelt, statt seiner tritt nun doch Münchschwander als Vorstandschef der DB-Netz AG an. Mit ihm könnte mehr Ernsthaftigkeit in jenen sicherheitssensiblen Bereich einkehren.

Sicherheitskonzept für die Hochgeschwindigkeit

Es wäre aber falsch zu meinen, die Deutsche Bahn sei leichtsinnig an die Sicherheitsanforderungen des Hochgeschwindigkeitsverkehrs gegangen. Den Donnerschlag für Versuche, die Sicherheit im Fahrweg zu erhöhen, lieferte die Entgleisung des D 47 „Konsul" am 5. Juni 1970 in der Südeinfahrt des Bahnhofs Celle. Die Unfallursache erschien zunächst unklar, da nach Instandhaltungsarbeiten an zwei Weichen, nach dem Stopfen und Richten, das Gleisstück von vielen Zügen anstandslos befahren worden war.

Ein Jahr nach dem Unfall lag der Deutschen Bundesbahn das Gutachten vor, wonach es zu einer Verschiebung des Gleisrostes gekommen war, die sich in ihrer vollen Größe erst unter dem entgleisten Zug ausgebildet hatte. Hauptsächlich die Lokomotive des D 47 hatte sehr große Querkräfte auf das Gleis ausgeübt.

Man war gewarnt, war doch der Ausbau einiger Strecken für Geschwindigkeiten über 160 km/h im Gange und wurde der Hochgeschwindigkeitsverkehr mit noch höheren Geschwindigkeiten vorbereitet. Das Zusammenspiel von Fahrzeugen und Gleisen in Bögen, insbesondere nach Stopfarbeiten, mußte nicht vom „gesunden Menschenverstand" und nach Erfahrungen beurteilt, sondern wissenschaftlich untersucht werden.

Deshalb beschloß der DB-Vorstand, auf dem Abschnitt Gütersloh – Neubeckum (Strecke Hannover – Hamm) mit Schnellfahrversuchen zu beginnen. Dort stellte übrigens am 29. März 1973 die Lokomotive 103 118 den damaligen deutschen Geschwindigkeitsrekord von 250 km/h auf.

Das Ergebnis der Versuche waren das optimale Radprofil DB II mit erweiterter Schmiegungszone bzw. das fast identische Profil ORE-S 1002. Außerdem wurden, damit sich die Lokomotiven nicht als „Gleisrückmaschinen" erwiesen, also um die horizontal auf das Gleis wirkenden Kräfte zu mindern, Schlingerdämpfer (Drehstabilisatoren) eingebaut, anschliessend bei allen Fahrzeugen, welche für Geschwindigkeiten bis 200 km/h zugelassen wurden. Während der Betrieb auf den Neu-

Das Versuchsprogramm auf dem Abschnitt Gütersloh – Neubeckum:
- Erforschung des Zusammenwirkens von Fahrzeug und Fahrweg bei Geschwindigkeiten zwischen 200 und 250 km/h
- Entwicklung und Betriebserprobung einer für 200 km/h geeigneten Sicherungstechnik
- Entwicklung eines für 200 km/h geeigneten, verschleißarmen Oberbaus
- Modifizierung der Fahrleitung Re 160 für den 200-km/h-Verkehr
- Eignungsprüfung der für den Schnellverkehr vorgesehenen Lokomotive und Wagen vom „Rheingold"-Typ

Tag und Nacht werden die Tunnelrettungszüge auf Betriebstemperatur gehalten – stets bereit zum sofortigen Ausrücken „im Falle eines Falles“

baustrecken vorbereitet wurde, mußte ein Sicherheitskonzept für die Tunnel dieser Strecken vorbereitet werden, zumal es auf der 327 km langen Strecke Hannover – Würzburg 62 Tunnel von 118 km Gesamtlänge gibt, darunter den Landrückentunnel mit mehr als 10 000 m Länge. Dieses Sicherheitskonzept arbeitete 1986 der mehrfach erwähnte Hans-Heinrich Grauf aus, der die Frage nach der Risikobewertung („Was darf passieren?") so beantwortete:

Unfallereignisse mit zahlreichen Todesopfern sind nicht linear, sondern überproportional höher zu bewerten als Ereignisse mit einer geringen Zahl an Opfern. Er zitierte eine Studie der Deutschen Bundesbahn, nach der Unfälle mit fünf Todesopfern ein einfaches, mit 50 Todesopfern ein dreifaches und mit 500 Opfern ein zehnfaches Gewicht haben, als es der unterschiedlichen Zahl der Opfer entspräche. Graufs Risikoanalyse („Was kann passieren?") für die Neubaustrecke ergab 0,23 Todesopfer im Jahr, was bedeutet: alle vier Jahre kommt ein Reisender durch einen Eisenbahnunfall auf der Neubaustrecke zu Tode. Die Tunnel erkannte Grauf als Anlagen, die im Regelfall eher schützend wirken, jedoch im Schadensfall die Hilfeleistung erschweren. Deshalb wurde folgende kombinierte Sicherheitsstrategie verfolgt:

- ausmaßmindernde Maßnahmen mit dem Ziel, den Halt des Zuges im Tunnel zu verhindern,
- Selbstrettungsmaßnahmen (Sofortmaßnahmen des Zugpersonals zur Schadensbegrenzung),
- Fremdrettungsmaßnahmen für den Fall, daß die vorhergehenden Maßnahmen nicht erfolgreich sind.

Die Deutsche Bundesbahn führte die Notbremsüberbrückung ein, das ist eine elektro-pneumatische Bremssteuerung, die die Wiederbefüllung der Hauptluftleitung beschleunigt, damit nach dem Ziehen der Notbremse der Zug nicht zum Stillstand kommt. Es soll verhindert werden, daß im – angenommenen – Brandfall der Zug im Tunnel stehenbleibt und dadurch das Risiko erhöht wird. Nach Eschede kann man allerdings Grauf nicht mehr zustimmen, wenn er 1988 feststellte: „... wird die Notbremse – heute noch ein Symbol der Sicherheit – künftig von ihrer Bedeutung verlieren." Hätte nur jemand nach dem ersten Rumpeln im Wagen 1 des ICE den – unauffällig angebrachten! – Griff der Notbremse gezogen!

Zum Selbstrettungskonzept, das angeblich mit den die Neubaustrecken befahrenden Zugpersonalen trainiert wird, gehört die Räumung des – brennenden – Zuges, sollte er doch bei einer Gefahr im Tunnel halten, und das vom Zugführer organisierte Verlassen des Tunnels, aber auch die Räumung des Zuges außerhalb des Tunnels. Erleichtert wird die Selbstrettung im Tunnel durch breite seitliche Randwege, die Tunnelbeleuchtung, die Kennzeichnung der Fluchtwege und die Notruffernsprecher.

Für die Fremdrettung durch Feuerwehr und Hilfswerk wurden Fahrwege zu den Tunneleingängen angelegt, und es wurden speziell ausgerüstete Tunnelrettungszüge geschaffen.

Sie sollen zu Unfällen in den Tunneln der Hochgeschwindigkeitsstrecken eilen. Bereits 1988, vor Fertigstellung des tunnelreichen Südabschnitts Fulda – Würzburg der Hochgeschwindigkeitsstrecke Hannover – Würzburg, stellte die Deutsche Bundesbahn zwei Prototypen eines Tunnelhilfszuges vor, erprobte sie und stellte sie auf den Bahnhöfen Fulda und Würzburg auf.

Bis zum Frühjahr 1991, also vor Eröffnung des ICE-Verkehrs, sind weitere drei Ein-Richtungszüge und ein Zwei-Richtungszug in Hildesheim, Kassel, Mannheim und Kornwestheim aufgestellt worden. Göttingen erhielt einen „kleinen" Tunnelhilfszug. Diese Züge prangen seit 1998 in der auffälligen Farbe Verkehrsrot.

Jeder Ein-Richtungszug besteht aus zwei Diesellokomotiven (an

„Die Reisenden müssen in die Lage versetzt werden, unter Anleitung und mit Unterstützung des Zugpersonals den Gefahrenbereich zu verlassen. Ihre Grenzen findet die Vorsorge für die Selbstrettung einerseits in der 'Effektivität' des gesamten Rettungsweges sowie anderseits in der 'Verhältnismäßigkeit' der Maßnahme. Dabei wird unter dem Begriff 'Effektivität' verstanden, daß ein gesicherter Bereich sowohl in angemessener Zeit, wie auch unter tragbarer physischer Belastung für Reisende erreichbar sein muß."

Leo Glatzel, Hans Heinrich Grauf,
in „Die Bundesbahn" 2/8/1987

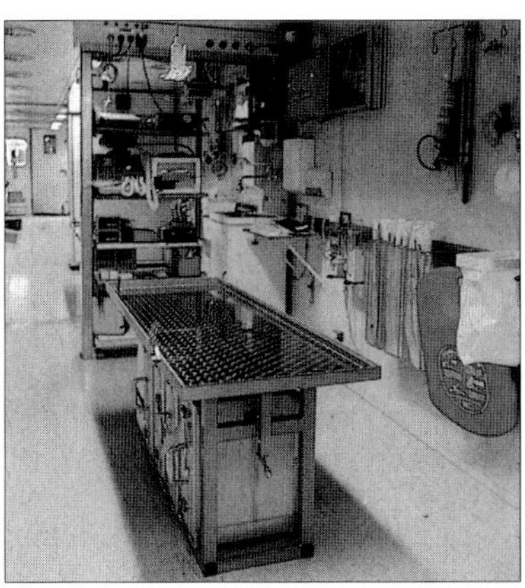

Einrichtung des Sanitätswagens (ganz links) und Führerstand im Transportwagen eines der Rettungszüge

„Eschede ist schlimm genug. Schlimm wäre auch, wenn die Angst vor einem solchen Unglück dazu führen würde, daß mehr Menschen über lange Strecken das Auto benutzen.“
Süddeutsche Zeitung

der Zugspitze und am Zugschluß) sowie aus

- zwei Transportwagen für 60 bis 80 Einsatzkräfte (Wagen 1 ist gleichzeitig Kommunikationszentrale am Unfallort),
- dem Sanitätswagen für die medizinische Erstversorgung im Tunnel mit eigenen Versorgungsaggregaten, zwei Notarztarbeitsplätzen, diversen Liege- und Sitzplätzen. Der Sanitätswagen kann auch für den Liegendtransport von Verletzten und von anderen Reisenden zum Tunnelausgang pendeln, wozu er automatisch vom Zugstamm getrennt werden kann,
- dem Löschmittelwagen, in dem zwei schallgeschützte Pumpaggregate und Vorratsbehälter stehen, die 20 m^3 Wasser und 1 m^3 Schaummittel aufnehmen können,
- einem Gerätewagen, der die Standardausrüstung eines Feuerwehrlöschfahrzeugs und eines Rüstwagens führt.

Alle Aggregate werden tagaus, tagein auf Betriebstemperatur gehalten. So können, wenn es zum Tunnelalarm kommt, die Züge angeblich innerhalb von 5 Minuten ausrücken, und zwar zum Unfallort im Tunnel von beiden Seiten.

Bislang mußten sich die Züge noch nicht im Ernstfall bewähren. Vorsorglich hatte man den Hildesheimer Zug nach Eschede geschickt, wo er aber nicht gebraucht wurde. Denn Eschede liegt nicht im Tunnel und auch sonst herrschten dort ideale Rettungsbedingungen: übersichtliches Gelände und Tageslicht bis in die späten Abendstunden, Platz für die Hubschrauber, ein Verbandsplatz in einer Industriehalle.

Die Rettungszüge stehen – wie hier in Hildesheim – auf Bahnhöfen in unmittelbarer Nähe der tunnelreichen Neubaustrecken bereit und sollen so binnen 30 bis 40 Minuten jede mögliche Unfallstelle erreichen können

Proben für den Ernstfall: Im Tunnel, so will das Übungs-Szenario, ist ein ICE verunglückt. Der Rettungszug ist zum Tunneleingang gekommen, wo er die örtlichen Hilfskräfte – Sanitäter, Feuerwehr und Technisches Hilfswerk – aufnimmt. Bevor der Zug in den Tunnel einfahren kann, muß die Fahrleitung geerdet werden

Selbstverständlich mußten die Rettungszüge wiederholt bei Übungen zeigen, was sie wert sind. Die Einschätzungen sind durchaus kritisch. Beißende Rauchschwaden, undurchdringliches Dunkel, Tote und Schwerverletzte tief im Tunnel – nein, von diesem Szenario ging die Deutsche Bundesbahn bei ihrer ersten großangelegten Übung im Dietershantunnel am 12. Juni 1989 nicht aus. Das kleine Feuer im Zuge war mit dem Handfeuerlöscher bekämpft worden, bevor die Retter zur Unfallstelle kamen. 500 m vom Tunnelausgang entfernt stand der Zug mit 50 Reisenden. Zwanzig konnten sich in Sicherheit bringen, der Rest war verletzt, eingeklemmt und bedurfte der Hilfe. Bei dieser Übung hatte der Fuldaer Zug nach 30 Minuten den Tunnel erreicht, wo er erst einmal warten mußte. Denn hier stiegen die Mannschaften der lokalen Rettungsdienste zu. Die Oberleitung mußte abgeschaltet werden. Dann konnten die Diesellokomotiven den 150 m langen Zug weiterfahren. Bei Rauch konnte sich der Lokomotivführer mit Hilfe einer Wärmebildkamera orientieren, wo der Unfallzug steht. Rettungsloren und zwei Notstromaggregate wurden abgeladen, die man auf kleinen Karren – ähnlich Einkaufswagen – auf dem Randweg zum Unfallort brachte.

Damit der Rauch nicht in den Hilfszug eindringen kann, stehen die gasdichten Innenräume unter geringem Überdruck. Dank einem Lufterneuerungssystem, das für Frischluft sorgt, könnte der Zug bis zu drei Stunden im Rauch stehen. Kommt es zu Pendelfahrten, um Reisende ins Freie zu bringen, wäre mit der zurückkehrenden Lokomotive und dem Wagen das Kuppeln mit dem im Tunnel stehenden Teil durch ein Präzisions-Wegemeßsystem problemlos möglich.

Soweit die Theorie. Es haperte indes am Zusammenwirken zwischen den bereits trainierten Feuerwehrleuten und den Bereitschaften des Deutschen Roten Kreuzes, die erstmals in die Tunnelröhre fuhren. Vereinfachung

Das in Gleismitte verlegte Kabel der Linienförmigen Zugbeeinflussung (LZB)

des Funkverkehrs, mehr Personal, ein dritter Notarzt – das waren die Forderungen nach dieser ersten Übung. Die zweite Übung am 20. Oktober 1989 bei Würzburg hatte mit 100 Verletzten ein noch dramatischeres Szenario, und auch bei ihr zeigten sich Mängel: Drei Ärzte und 20 Sanitäter reichten für das nachgestellte Unglück nicht aus. Die dritte Übung am 26. Oktober 1997 im 2100 m langen Schwarzenfelstunnel konnte ebenfalls niemanden zufriedenstellen.

Sieben Minuten nach der Alarmierung rückten die Wehren und Sanitäter aus, sechs Minuten danach, um 23.07 Uhr, waren sie am Rettungszug. Der konnte erst um 23.25 Uhr abfahren, weil der Fahrdienstleiter mit einer Vielzahl von Meldungen beansprucht war. 31 Minuten später hielt der Zug vor dem Tunnelportal, doch der Notfallmanager der Bahn wurde vermißt. Er (früher nannte er sich Leiter an der Unfallstelle) sollte mit in den Tunnel. Zehn Minuten später traf er ein. Um 0.20 Uhr, 79 Minuten nach der Alarmierung, war der Zug, waren die ersten Hilfsmannschaften am Unfallort. Ein unakzeptabler Vorgang.

Die vierte Übung am 4. Juli 1998 (sie war ein halbes Jahr zuvor geplant worden und stand mit dem Unfall in Eschede nicht im Zusammenhang) offenbarte abermals Mängel. Bei „Maulwurf 98" wurde im Schönraichtunnel (Strecke Fulda – Würzburg) ein entgleister ICE simuliert, 100 „Opfer" waren von 400 Einsatzkräften aus dem Zug zu bergen. Das dauerte drei Stunden; fehlen-

Prinzip der Notbremsüberbrückung auf den Tunnelabschnitten der Neubaustrecken

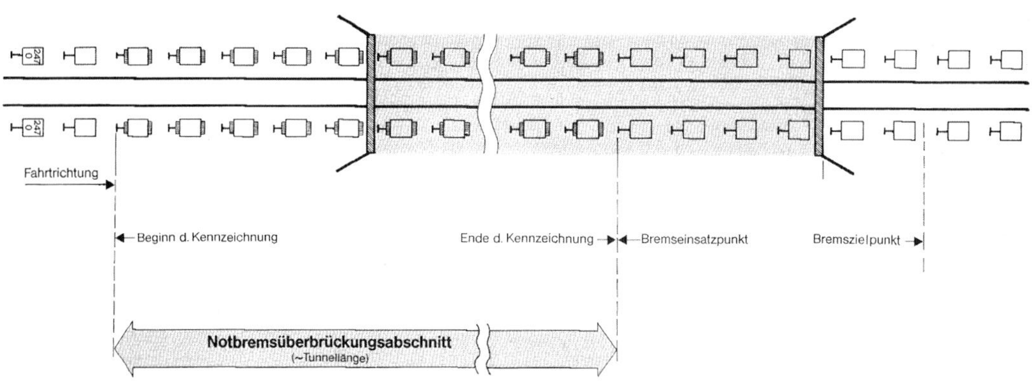

de Notausgänge im Tunnel und Abstimmungsprobleme hätten die Rettung behindert, hieß es im Abschlußbericht.
Eine andere Vorkehrung zur Sicherheit des Hochgeschwindigkeitsverkehrs betraf die in vorherigen Abschnitten erläuterte Linienzugbeeinflussung. Sie war die Voraussetzung für den Schnellverkehr und wurde 1965 erstmals in München vorgestellt. Mit den Linienleiterschleifen auf 12,7 km Länge durften die Züge zwischen München und Augsburg bis zu 200 km/h schnell sein.
1974 wurde die zweite Generation der Linienzugbeeinflussung, die LZB 100, in Betrieb genommen, die eine Zuverlässigkeitsrate von 97 Prozent erreichte. Als 1984 auf den Lokomotiven die dritte LZB-Generation, die LZB 80, in Betrieb ging, reichte die Zuverlässigkeit bis 99,95 Prozent. Benutzte man bislang die Linienzugbeeinflussung nur auf kurzen Abschnitten, so sollte sie auch auf den Neubaustrecken Hannover – Würzburg und Mannheim – Stuttgart die Geschwindigkeiten über 160 km/h erlauben. 1988 prägte die Deutsche Bundesbahn auf dem Abschnitt Fulda – Würzburg den Begriff der LZB-Führung, was bedeutete, die neue Sicherungstechnik war auch zum festen Bestandteil der Vorschriften geworden, und ihr wurde der Vorrang vor ortsfesten Signalen eingeräumt. Die Fahrzeuggeräte hießen nun LZB/I 80, die Streckengeräte L 72. Bei der LZB/I 80 handelt es sich um eine Kombination von Linienzugbeeinflussung und Punktförmiger Zugbeeinflussung, das heißt, versagt die Linienzugbeeinflussung, fällt der Zug automatisch auf die Ebene der Punktförmigen Zugbeeinflussung zurück. Er und seine Geschwindigkeit werden zwar nicht mehr kontinuierlich geführt, er darf auch nur noch höchstens 160 km/h fahren, aber beachtet der Lokomotivführer ein Haltsignal nicht, kommt es automatisch zur Zwangsbremsung.
Das System der Linienzugbeeinflussung gab im Hochgeschwindigkeitsverkehr zu Beanstandungen keinen Anlaß.
Eine weitere Maßnahme unter Sicherheitsaspekten ist der Einsatz ausschließlich von druckfesten Fahrzeugen (der ICE und neuere

Querschnitt der aus Strangpreßprofilen geschweißten Rohbau-Struktur eines ICE-Mittelwagens. Gemessen an den ungeheuren Kräften, hielten diese Wagenkästen in Eschede verhältnismäßig gut stand

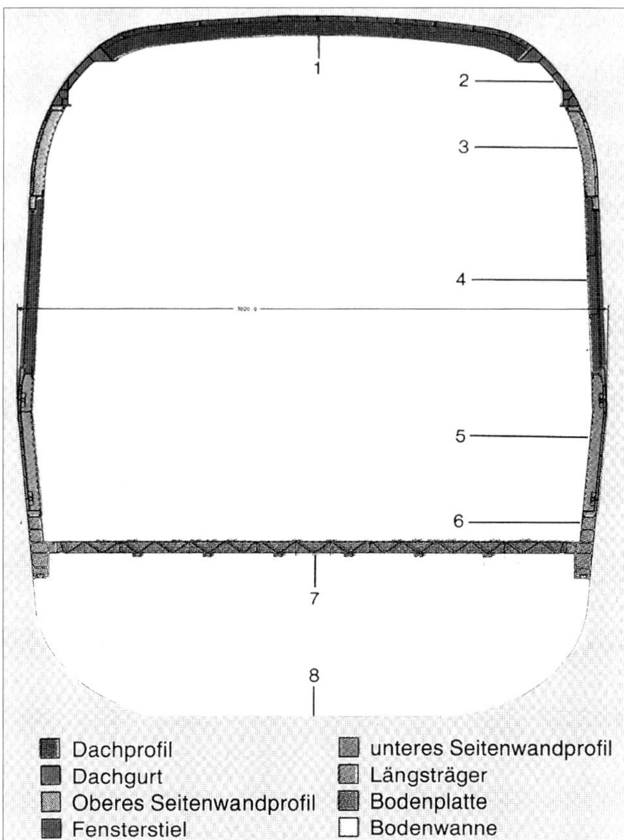

Fertig beblechte ICE-Wagenkästen. Bei der statischen und dynamischen Strukturauslegung wurden die Wagenkästen mit Rücksicht auf die hohen Drucklasten bei Zugbegegnungen und Tunnelfahrten bereits besonders dimensioniert

Intercity-Wagen erfüllen dieses Kriterium) auf Hochgeschwindigkeitsstrecken.

Nach der ICE-Katastrophe wird über weitergehende Vorkehrungen diskutiert, wie den Einbau von Weichen ohne Radlenker, das Verbot, Brückenpfeiler neben Gleisanlagen zu errichten, die Einzäunung der Schnellfahrstrecken, Windschutz für die Steuerwagen des ICE-2, Prüf- und Übertragungseinrichtungen im Fahrwerk. Man wird neben dem theoretisch Möglichen zu beachten haben, was im Eisenbahnbetrieb praktisch realisierbar ist. Wenn die Sicherheitstechnik so weit entwickelt wird, daß der Zug nicht mehr von der Stelle kommt, ist des Guten allerdings zuviel getan.

Anhang

Bericht des Eisenbahn-Bundesamtes vor dem Verkehrsausschuß des Deutschen Bundestages am 17. Juni 1998 in Bonn

Am 3. 6. 1998 um 10.59 Uhr entgleiste der ICE 884 mit den Namen „Wilhelm Conrad Röntgen", bestehend aus zwei Triebköpfen und zwölf Mittelwagen, auf der Fahrt von München nach Hamburg-Altona im Südkopf des Bahnhofs Eschede an der Strecke Celle – Hamburg im Bereich der Weiche 3 in km 60,591. Als Folge der Entgleisung prallte die zweite Hälfte des dritten Mittelwagens gegen Pfeiler der Straßenüberführung der Kreisstraße 20. Die Brücke stürzte ein und begrub die hintere Hälfte des fünften Mittelwagens unter sich. Die nachfolgenden Mittelwagen prallten gegen die eingestürzte Brücke, verkeilten sich untereinander und wurden stark zerstört.

Nach dem gegenwärtigen Stand wurden 100 Personen getötet und 88 verletzt, von denen 73 Personen noch im Krankenhaus liegen. Die Höhe des Sachschadens ist noch nicht bekannt. Unter den getöteten Personen befanden sich zwei Mitarbeiter der DB AG, die zum Zeitpunkt des Ereignisses Wartungsarbeiten durchführten und sich nicht im Zug befanden. Der Triebfahrzeugführer wurde leicht verletzt.

Das Eisenbahn-Bundesamt (EBA) als eisenbahntechnische Fachaufsichtsbehörde hat unmittelbar nach dem Unglück in enger Zusammenarbeit mit Bundesgrenzschutz (BGS) und Staatsanwaltschaft mit der Untersuchung des Unfallhergangs begonnen. Es fällt schwer, angesichts der schrecklichen Bilder und des unsagbaren Leids die Ursachen des Unglücks distanziert und objektiv zu analysieren. Doch erfordert genau dies der gesetzliche Auftrag des Eisenbahn-Bundesamtes, Störungen und Unfälle im Eisenbahnbetrieb fachlich zu untersuchen.

Bei der Suche nach den Ursachen wurde konsequent in jeder Richtung vorgegangen; dabei wurden alle Möglichkeiten systematisch untersucht und abgearbeitet.

Hierbei handelte es sich im einzelnen um die Bereiche
- Bahnbetrieb (d. h. mögliches menschliches Versagen)
- Oberbau
- Signalanlagen
- Fahrzeug sowie
- möglicher Eingriff in den Bahnbetrieb, der zu Beginn der Untersuchung nicht völlig ausgeschlossen werden konnte.

Das EBA hat nach dem Unfall diese Bereiche systematisch überprüft und keinerlei Hinweis auf Unregelmäßigkeiten festgestellt.

Nach Mitteilung des Bundesgrenzschutzes fanden sich auch nach zielorientiertem Suchen keine Hinweise auf einen Eingriff in den Bahnbetrieb. Eine Hakenkralle, die an der Strecke vor dem Bahnhof Eschede aufgefunden wurde, steht in keinem sachlichen Zusammenhang zu dem Ereignis. Als auslösende Ursache des Unfalls hat sich der Bruch eines Radreifens am ersten Mittelwagen herausgestellt. Bei diesem Radreifen handelt es sich um einen gummigefederten Radsatz der Bauart 064, der ab 1992, also ein Jahr nach Aufnahme des ICE-Verkehrs 1991, zur Reduzierung von Resonanzerscheinungen der Wagenkästen von der ehemaligen Deutschen Bundesbahn eingeführt wurde.

Der genaue Hergang des Ereignisses wurde aus zahlreichen Spuren rekonstruiert, die von BGS und EBA im Bereich der Unfallstelle aufgefunden und gesichert wurden. Dieser Ablauf wird durch die Daten der rechnergestützten Zugüberwachung, der Linienzugbeeinflussung und des zuginternen Diagnosesystems bestätigt. Danach ist der Radreifen etwa rund 6 km vor der Unfallstelle gebrochen, hat sich nach etwa 200 bis 300 m von der Radscheibe gelöst, wurde aufgebogen und hat sich im Drehgestell verkeilt.

Der Zug fuhr dann trotz des fehlenden Radreifens über eine Strecke von rund 5,5 km stabil, ohne zu entgleisen. Im Bahnhof Eschede, etwa 200 m vor der Unglücksstelle, verhakte sich der Radreifen in einem schienenförmigen Bauteil der Weiche 2, einem sogenannten Radlenker. Dieser wurde dadurch abgesprengt und in das Innere des ersten Mittelwagens gestoßen. Dabei brach ein Teil ab.

Vermutlich durch die Wucht dieses Aufpralls wurde der schadhafte Radsatz nach rechts abgelenkt. Dadurch glitt die Radscheibe, bei der sich der Radreifen gelöst hatte, vom Schienenkopf ab. Das gegenüberliegende linke Rad entgleiste und traf nach ca. 120 m auf die abliegende Zunge der Weiche 3. Durch die Wucht dieses Aufpralls wurde die Weiche in Rechtslage umgestellt. Dadurch entgleisten nach dem ersten Mittelwagen auch die folgenden Wagen, wobei sich der dritte Wagen unter der Eisenbahnüberführung querstellte und mit seinem hinteren Ende die Pfeiler der Brücke wegschlug.

Durch diesen Anprall wurde der Wagen 3 schwer beschädigt und vom übrigen Zug getrennt. Hierdurch wurde in beiden Zugteilen eine automatische Bremsung ausgelöst. Mit seinem Schwung konnte der Wagen 4 den Bereich der Straßenüberführung noch vollständig passieren, stürzte dann aber seitlich nach rechts die Böschung hinunter. Wagen 5 wurde durch die herabstürzende Brücke im hinteren Teil beschädigt, der Wagen 6 wurde unter den Trümmern der Brücke begraben. Die übrigen Wagen 7 bis 12 wurden dann wie ein Zollstock aufeinandergeschoben.

Offener Brief des Vorstandsvorsitzenden der Deutschen Bahn AG, Johannes Ludewig, vom 5. Juni 1998 an die Eisenbahner

Liebe Mitarbeiterinnen, liebe Mitarbeiter,

über das verheerende Unglück des ICE 884 sind wir alle zutiefst erschüttert. Über viele Menschen hat diese Katastrophe unbeschreibliches Leid gebracht. Wir trauern um die toten Reisenden und die toten Kollegen. Den Verletzten und den Angehörigen der Opfer sprechen wir unser tiefes Mitgefühl aus. Allen Mitarbeiterinnen und Mitarbeitern wünsche ich viel Kraft in diesen für uns alle schweren Stunden.

Noch gibt es keine abschließenden Erkenntnisse der Untersuchungsbehörden Eisenbahn-Bundesamt und Staatsanwaltschaft zur Unfallursache.

Als vorsorgliche Sofortmaßnahme hatten wir gestern aufgrund unserer Verantwortung für die Sicherheit der Reisenden in einem ersten Schritt alle ICE 1 ihre Höchstgeschwindigkeit auf 160 km/h herabsetzen lassen. Nach ersten Erkenntnissen über eventuelle Ursachen des Unglücks haben wir dann entschieden, daß alle ICE 1 überprüft werden und im Werk bleiben, bis die Vorsorgemaßnahmen abgeschlossen sind.

Diese Maßnahmen haben natürlich Auswirkungen auf die betrieblichen Abläufe und führen zu Beeinträchtigungen des Reiseverkehrs. Aber: Sicherheit hat oberste Priorität. Das werden in Anbetracht der Situation auch unsere Kunden verstehen.

Erste Erfahrungen von heute zeigen ein beispielhaftes Engagement einer großen Zahl von Mitarbeitern in dieser für uns alle schwierigen Situation.

Wir setzen auch weiterhin auf Sie und Ihre Einsatzbereitschaft vor Ort. Bitte informieren Sie die Reisenden so gut wie möglich über die aktuelle Lage und die alternativen Reisemöglichkeiten. Bieten Sie Ihre Hilfe an, wo dies möglich ist.

In diesen für uns alle schweren Stunden erreichen mich viele Zeichen der Anteilnahme und des Mitgefühls. Auch viele von Ihnen geben mir gegenüber ihrer tiefen Betroffenheit Ausdruck. Dafür danke ich Ihnen. Lassen Sie uns in diesen schweren Tagen zusammenstehen.

In tiefer Trauer
Dr. Johannes Ludewig

Offener Brief des Vorstandes der Deutschen Bahn AG vom 8. Juni 1998 an die Eisenbahner

Liebe Mitarbeiterinnen, liebe Mitarbeiter,

wir alle stehen noch unter dem Eindruck des furchtbaren Unglücks von Eschede. Vielen von Ihnen haben in den zurückliegenden Tagen Außerordentliches geleistet. Wir möchten Ihnen dafür unseren Dank aussprechen. Sie haben zum Teil bis zur Erschöpfung gearbeitet. Wir danken Ihnen für Ihren Einsatz und Ihre große Hilfsbereitschaft. Ihr Engagement und Ihr Wille, in dieser Ausnahmesituation den Betrieb aufrechtzuerhalten, Ersatzfahrpläne zu erarbeiten, die Reisenden in den Zügen und auf den Bahnhöfen zu betreuen und zu informieren, kurz, dort anzupacken, wo Hilfe am nötigsten war, ist beispielhaft.

Zu den Unglücksursachen gibt es nach wie vor keine abschließenden Erkenntnisse der Untersuchungsbehörden. Die vorsorgliche Ultraschalluntersuchung der Radreifen an allen ICE 1-Triebzügen dauert etwa zwölf Stunden pro Zug. Bislang wurden keine weiteren Unregelmäßigkeiten entdeckt. Wir werden, bis alle ICE 1 diese Untersuchung bestanden haben, ca. zwei Wochen nicht überall planmäßig fahren können. In dieser Zeit sind wir auf Ersatzmaßnahmen, vor allem aber auf Ihre weitere persönliche Unterstützung angewiesen.

Mitarbeiterinnen und Mitarbeiter aus allen Geschäftsbereichen und aus der Zentrale haben am Wochenende und außerhalb ihrer Arbeitszeit die Kolleginnen und Kollegen im Einsatz vor Ort unterstützt. Ihr Engagement wird von der Öffentlichkeit sehr deutlich wahrgenommen. Mehrfach haben die Medien über die Sondereinsätze der Eisenbahner, vor allem auf den Bahnhöfen, berichtet.

Das spüren auch unsere Kunden. Wem Hilfsbereitschaft entgegengebracht wird, wer das Gefühl hat, daß man sich um ihn kümmert und ihm hilft, so gut es eben geht, der wird leichter bereit sein, für die derzeitigen Beeinträchtigungen Verständnis aufzubringen. Deshalb bitten wir Sie: Lassen Sie nicht nach. Die freundliche und aufmerksame Betreuung unserer Fahrgäste kann viel bewirken. Wir müssen weiterhin um unsere Reisenden werben. Die momentan schwierige Situation darf nicht zu einem Rückschlag für unsere gestiegene Akzeptanz bei den Kunden führen. Wir müssen zeigen, daß wir unter den schwierigen Umständen nach Kräften bemüht sind, unseren Reisenden mit Ersatzfahrplänen, zusätzlichen Zügen und besonders freundlichen Service zur Seite zu stehen.

Allen Beteiligten sagen wir Dank für ihre außergewöhnliche Einsatzbereitschaft und Motivation, verbunden mit der Bitte, daß wir uns weiterhin gemeinsam intensiv um die Bewältigung dieser außergewöhnlichen Schwierigkeiten bemühen.

Mit freundlichen Grüßen
Dr. Johannes Ludewig, Diethelm Sack, Dr. Horst Föhr, Peter Reinhardt, Roland Heinisch, Wolfgang Gemeinhart, Dr. Axel Nawrocki, Klaus Daubertshäuser, Eberhard Sinnecker, Peter Münchschwander, Prof. Dr. Ulf Häusler

Rede von Bundespräsident Roman Herzog anläßlich der Trauerfeier für die Opfer der Zugkatastrophe von Eschede am 21. Juni 1998 in der Stadtkirche zu Celle

Meine Damen und Herren,

am Vormittag des 3. Juni 1998 hat unser Land einen Schock erlitten. Das große Zugunglück, die Katastrophe von Eschede, hat in kürzester Zeit unser ganzes Volk in Trauer, Entsetzen und Mitgefühl vereint. Mehr als zwei Wochen sind seitdem vergangen, aber wir merken gerade in dieser Stunde, wie tief der Schock sitzt und wie wenig der Schmerz abnehmen will.

Mein erster Gedanke gehörte an jenem Tag und gehört noch heute den Opfern – den Toten und denen, die so schwer verletzt sind, daß sie möglicherweise für ihr ganzes Leben daran tragen müssen. In Sekundenbruchteilen sind 100 Leben zerstört worden. 100 Biographien sind mit einem Schlag abgerissen. Jede Lebensgeschichte war einmalig.
Der Weg und die Reise sind uralte Gleichnisse für das menschliche Leben. Vielleicht sind wir gerade deswegen so betroffen, weil der Tod die Opfer unterwegs getroffen hat, vielleicht im Aufbruch zu einem neuen Lebensabschnitt oder auf der Fahrt nach Hause. Sie waren unterwegs, hatten Pläne, Hoffnungen, Ziele. Sie sind von Menschen verabschiedet worden und wurden wiederum von Menschen erwartet.

Damit bin ich bei meinem zweiten Gedanken, der den Angehörigen und Freunden der Toten gilt. Sie haben in den letzten Tagen und Wochen erlebt, wie alle Bürger unseres Landes an Ihrem Schmerz Anteil genommen haben. Vielleicht sind Sie dadurch ein wenig getröstet worden in Ihrem Leid.
Die Solidarität, das buchstäbliche Mitleiden sind hohe Werte. In den letzten Tagen haben wir erfahren, daß diese Werte auch heute noch Bestand haben. Dennoch bleibt für jeden, der trauert, ein Schmerz, der unteilbar ist und den ihm niemand abnehmen kann. Jeder plötzliche Unfalltod, ob er, wie alltäglich, auf unseren Straßen geschieht – woran wir uns viel zu sehr gewöhnt haben – oder ob er mit unerhörter Wucht auf einmal eine große Zahl von Opfern trifft, erscheint uns dem Leben gegenüber besonders unangemessen. Es ist ja doch etwas anderes, ob wir einen kranken Verwandten oder einen todgeweihten Freund im Sterben begleiten müssen, oder ob uns ein vertrautes Leben so plötzlich und scheinbar sinnlos entrissen wird.
Ich wünsche Ihnen, den Angehörigen und Freunden, von ganzem Herzen, daß Sie Wege finden, um mit diesem Verlust leben zu können.

Mein dritter Gedanke gilt heute den vielen hundert Helfern, die an Ort und Stelle dem Schrecken ins Auge geblickt haben. Ich denke an die Polizisten, die Feuerwehrleute, die Ärzte, Sanitäter und Pfleger, die Männer des THW, an die deutschen und ausländischen Soldaten, die in der Stunde des Schocks unendlich mehr als ihre Pflicht getan haben.
Ich denke aber auch an die vielen Bürgerinnen und Bürger, vor allem aus Eschede und der Region, die in der Stunde der größten Not spontan, ganz ohne Auftrag, der Stimme ihres Herzens gefolgt sind. Sie haben geholfen, wo immer es ging, sie haben wie selbstverständlich Verletzte aufgenommen, unter Schock Stehende getröstet, Tote geborgen, Blut gespendet. Sie haben ihre ganze Kraft eingesetzt, vorbehaltlos geholfen, ihre Häuser geöffnet. Ihnen verdanken wir es, daß Eschede für uns alle nicht nur ein Ort des Schreckens, sondern auch ein Ort der Menschlichkeit geworden ist.
Alle Helfer, ob sie in Ausübung ihres Berufes oder als Freiwillige gehandelt haben, haben Bilder und Szenen gesehen, die sie ihr Leben lang nicht mehr vergessen werden. Im Namen aller

Bürger danke ich Ihnen für Ihren vorbildlichen Einsatz und wünsche Ihnen allen, daß Sie mit den erlittenen seelischen Schocks leben können. Ein ganz besonderer Dank gilt allen Frauen und Männern, die in diesen Stunden als Seelsorger den Helfern selbst zu Helfern geworden sind.
In diesem Zusammenhang muß ich, gerade weil das nicht mehr selbstverständlich ist, auch den Medien danken, die in ihrer Berichterstattung mit selten gewordener Disziplin die Würde der so schrecklich ums Leben Gekommenen gewahrt haben. Allein die Helfer vor Ort wissen, welche Bilder uns erspart geblieben sind.

Mein vierter und letzter Gedanke geht an uns alle, die wir ohnmächtige Zeugen dieses katastrophalen Unfalls waren. Zwar nehmen wir, ich habe es angedeutet, täglich die Nachrichten von Verkehrsunfällen auf. Aber in diesem Fall sind wir besonders erschüttert.
Gerade weil hier – soweit wir wissen – „nur" ein winziges technisches Detail versagt hat und wir wohl keine subjektive menschliche Schuld festmachen können, haben wir die Katastrophe von Eschede als einen modernen Alptraum erlebt. Dazu kommt, daß es ausgerechnet ein Zug war, also ein Verkehrsmittel, in dem wir uns gewöhnlich am sichersten fühlen. Obwohl wir alle im Grunde um unsere Endlichkeit wissen, obwohl wir alle wissen, daß uns der Tod an jedem Ort und zu jeder Zeit einholen kann, verdrängen wir genau dieses Wissen.
Die moderne Technik gibt uns viel Lebenserleichterung und sie gibt uns viel Lebenssicherheit. Aber wie jede menschliche Hervorbringung wird die Technik niemals unfehlbar sein. Wer sie nutzt, muß auch mit ihren Risiken rechnen. Täglich benutzen wir Autos, Züge oder Flugzeuge und vergessen allzu oft – auch ich –, daß wir eigentlich für jede glückliche Landung, für jede glückliche Ankunft dankbar sein müßten. Seit den Zeiten des griechischen Dichters Homer heißen die Menschen „die Sterblichen".

Es sind Katastrophen wie die von Eschede, die uns daran erinnern, daß wir diesem Schicksal nicht entrinnen können: Wir sind die Sterblichen, die an jedem Ort und zu jeder Zeit mitten im Leben vom Tod begleitet sind.
So gedenkt unser Land heute der Opfer, so teilen wir heute die Trauer der Angehörigen und hoffen uns alle in Gottes Hand.

An der Bugklappe kann man den ICE 2 erkennen. In ihr befindet sich die automatische Scharfenberg-Kupplung, mit deren Hilfe die Zugteile rasch „geflügelt“ werden können

Die Fahrzeuge des Typs ICE 1 und ICE 2

Im Februar 1989 bestellte die DB für den Schnellverkehr auf den Neubaustrecken 41 komplette Züge „InterCityExpress“ auf der technologischen Vorgabe des InterCityExperimental von 1985. Im Sommer 1990 folgte die Nachbestellung weiterer 19 Züge. Henschel, Krauss-Maffei und Krupp teilten sich den Bau der 120 Triebköpfe. DUEWAG, LHB, MAN, MBB und Waggon-Union stellten die 694 Mittelwagen her, für die elektrische Ausrüstung zeichneten ABB, AEG und Siemens verantwortlich. Die Triebköpfe 401 lieferte die Industrie zwischen 1989 und 1993 aus, die Mittelwagen 801 – 804 zwischen 1990 und 1993. Nachträglich wurden 1993/94 noch einmal zwei Triebköpfe 401 201/202 sowie 31 Mittelwagen 801 und 802 bestellt.

In Tagesrandlagen, besonders auf sogenannten Anschlußstrecken, zeigten sich die Nachteile der nur mit hohem betrieblichem Aufwand dem wechselnden Bedarf anpaßbaren Zugkonfiguration. Im weiter ausgebauten ICE-Netz bietet die DB mehr als bisher neben den Stammlinien davon abweichende Direktverbindungen. Das Konzept für den künftigen Hochgeschwindigkeitsverkehr Berlin – Hannover sieht trennbare Zugeinheiten vor, die sich zwischen Berlin und Bremen als Kurzzug ebenso bedarfsgerecht einsetzen lassen wie als Langzug zwischen Berlin und Köln.

Im August 1993 erhielt eine Arbeitsgemeinschaft mit den Firmen Siemens und AEG als Generalunternehmer den Auftrag für Entwicklung und Bau der zweiten

ICE-Generation „ICE 2“ als Kurzzug aus dem Triebkopf 402, sechs Mittelwagen 805 – 807 und dem nicht angetriebenen Steuerkopf 808. 44 Züge sind bestellt, dazu zwei Triebköpfe und ein Steuerwagen als Reservefahrzeuge.
Endmontiert wurden alle Triebköpfe im Essener Werk der Siemens Schienenfahrzeugtechnik (vormals Krupp), die Endfertigung der Steuerwagen ebenso wie die Inbetriebnahme der Konfiguration Triebköpfe-Steuerwagen erfolgte im Werk Hennigsdorf der Adtranz. Den Bau der 264 Mittelwagen teilten sich das AEG-Werk Nürnberg und die Hersteller Duewag, LHB und DWA (Ammendorf). Im Juni 1995 wurde der als 402 001 bezeichnete erste Triebkopf fertiggestellt. Die Auslieferung und Erprobung der Mittelwagen begannen Anfang 1996, die der Steuerwagen im Spätherbst des gleichen Jahres.
Konzeptionell ähnelt der ICE 2 weitgehend dem ICE 1. Die Fahrzeugkontur des Zuges entspricht mit Ausnahme des Speisewagens dem ICE 1. Zwei Kurzzüge bilden einen Langzug, grundsätzlich sind die Triebköpfe jedoch mit bis zu 14 Mittelwagen auch in herkömmlicher ICE-Konfiguration einsetzbar. Die Kompatibilität der Triebköpfe mit ICE-1-Mittelwagen ist gegeben, umgekehrt jedoch nicht.

Konstruktion

Die aerodynamisch optimierten Triebköpfe sind in Stahlleichtbauweise ausgeführt. Für die Seitenwandstruktur wurde die herkömmliche Bauweise mit Glattblech und Profilversteifung gewählt. Der Aufbau der Mittelwagen besteht aus mit Aluminium-Großstrangpreßprofilen geschweißten Sektionen und durchgehendem Fensterband mit eingeklebten Außenscheiben. Fast zehn Prozent der Fahrzeugmasse entfallen auf die Schall- und Wärmeisolierung. Fahrgast- und Führerräume sind druckgeschützt, ebenso die Doppelwellenbalg-Übergänge zwischen den teilautomatisch gekuppelten Wagen.

Für den Schnellverkehr auf den Neubaustrecken wurde der ICE entwickelt. Inzwischen sind diese Züge auf vielen Strecken in Deutschland anzutreffen

Die ICE-Garnituren der zweiten Generation (Baureihe 402) werden im ICE-Werk München West beheimatet

Die Triebköpfe der Baureihe 402 haben eine für den Regelbetrieb ausgelegte automatische Scharfenbergkupplung unter der pneumatisch betätigten Bugklappe aus glasfaserverstärktem Kunststoff. Besonders für den Kurzzug-Einsatz wichtig ist der verbesserte

Technische Daten der ICE 1-Triebzüge

Baureihenbezeichnung			401, 801, 802, 803, 804
Indienststellung (1. Jahr)			1989
Hersteller			KM, Henschel, Krupp, AEG, BBC Siemens, DUEWAG, LHB, MAN, MBB, WU
Achsformel			Bo'Bo'+2'2'+...+Bo'Bo'
Länge	Triebkopf	mm	20 560
	Mittel- u.Steuerwagen	mm	26 400
	Langzug max.	mm	410 720
Dienstmasse	Triebkopf (401)	t	77,5/80,4[1]
	Mittelwagen 1.Kl.(801)	t	52,8
	Mittelwagen 2.Kl.(802)	t	52,8
	Servicewagen (803)	t	53,6
	Speisewagen (804)	t	58,2
Stromsystem			15 kV, 16 2/3 Hz
Art des Antriebs			Kardanhohlwelle
Dauerleistung (Traktion)		kW	2 x 4 800
Höchstgeschwindigkeit		km/h	280
max. Anfahrzugkraft d. Triebkopfs		kN	200
Sitzplätze pro Zug		1. Klasse	144
		2. Klasse	373/505[2]
		Restaurant	24+16

[1] ab 401 021/521 mit GTO-Thyristoren: 77,5 t
[2] mit 10/12 Mittelwagen

Da anfangs noch nicht ausreichend viele Steuerwagen fertiggestellt waren, fuhren die ICE-2-Züge als Langzüge mit zwei Triebköpfen

Stromabnehmer des Typs DSA 350 SEK. Er funktioniert auch bei 280 km/h so zuverlässig, daß auf dem Steuerwagen auf den Stromabnehmer verzichtet werden kann. Die mit Schraubenfedern und Hydraulik-Querdämpfern ausgerüsteten Triebdrehgestelle sind mittels Zug- bzw. Druckstangen am Fahrzeugkasten angelenkt. Der Antriebsblock ist mit einem Drittel seines Gewichts am Drehgestellkopfträger in Vertikalpendeln und zu zwei Dritteln am Fahrzeugkasten über Gummielemente aufgehängt. Dadurch wird eine weitgehende Entkoppelung der Radsätze von Motor- und Getriebemasse erzielt. Die Motorkraft aus den vier Drehstrom-Asynchronmotoren pro Triebkopf wird mittels Getriebe, Antriebshohlwelle und kardanischen Lenkern auf die Räder übertragen. In den 401 001 – 020/ 501 – 520 sind Thyristoren mit herkömmlicher Ölkühlung, in den weiteren Abschaltthyristoren (GTO) mit FCKW-freier Siedebadkühlung eingebaut.

Das dreifache Bremssystem des Zuges besteht aus der generatorischen Bremse der Triebköpfe mit Netzrückspeisung, den elektropneumatisch gesteuerten Scheibenbremsen sowie der Magnetschienenbremse in jedem Mittelwagen. Fahren und Bremsen wird durch Mikroprozessoren gesteuert, auf den Neubaustrecken generell nach den von der LZB vorgegebenen Werten. Per LCD-Display kann der Triebfahrzeugführer Streckenabschnitte bis zu zwölf Kilometern „elektronisch beobachten". Neben der Linienleittechnik verfügt der ICE über das komplexe Eigendiagnosesystem „David", das Betriebsdaten und Störmeldungen auf den Führerstands-Displays im Klartext oder als Schaubild anzeigt, erforderlichenfalls Handlungsempfehlungen übermittelt und Diagnose-Signale über Funk an die Werkstatt vormeldet. Der Datenübertragung im Zugverband dient eine mittels der Kupplungen verbundene Lichtwellenleiterstrecke. Diagnosesystem und Leit-

Die ICE werden auch auf Strecken eingesetzt, die keine Hochgeschwindigkeit zulassen

technik der ICE 2 sind der Doppelzugbildung angepaßt, hier gewährleisten zusätzliche Interfaces in den Lichtwellenleiter-Stationen der Endfahrzeuge die Datenübertragung. Das weiterentwickelte Antriebssteuergerät „SIBAS 32" arbeitet effektiver und ermöglicht eine bessere Zugkraftausnutzung.

Pro Mittelwagen des ICE 2 sorgen weniger unterflurige Anschweißteile, der spantenfreie Rohbau, vereinfachter Druckschutz, effektivere Energieversorgung und Klimaanlage bei insgesamt weniger Bauteilen, neuartige Leichtbausitze, leichtere Werkstoffe der Innenverkleidung und der Verzicht auf

Technische Daten der ICE 2-Triebzüge

Baureihenbezeichung			402, 805, 806, 807, 808
Indienststellung (1. Jahr)			1996
Hersteller			Siemens
			Daimler/ABB (AEG) u.a.
Achsformel			Bo'Bo'+2'2'+...+2'2'
Länge	Triebkopf	mm	20 560
	Mittel- u.Steuerwagen	mm	26 400
	Halbzug	mm	205 400
	Langzug max.	mm	410 800
Dienstmasse	Triebkopf (402)	t	78,0
	Mittelwagen 1.Kl.(805)	t	46,5
	Mittelwagen 2.Kl.(806)	t	47,4
	Servicewagen (807)	t	52,0
	Steuerwagen (808)	t–	52,8
Stromsystem			15 kV, 16 2/3 Hz
Art des Antriebs			Kardangelenkantrieb
Dauerleistung (Traktion)		kW	4 800
Höchstgeschwindigkeit		km/h	280
max. Anfahrzugkraft d. Triebkopfs		kN	200
Sitzplätze pro Halbzug	1. Klasse		105
	2. Klasse		266
	Restaurant		23

Beim ICE I ist der Buckel des Speisewagens charakteristisch. Nicht zu sehen sind die zum ICE 2 unterschiedlichen Drehgestelle

geschlossene Abteile für eine Massenersparnis von fünf Tonnen. Die Wagenkästen sind nunmehr einheitlich und weisen identische Fensterteilung auf. Gegenüber den stahlgefederten Drehgestellen MD 530 des ICE 1 sind die ICE 2 mit luftgefederten Drehgestellen SGP 400 ausgestattet.

Charakteristisch für die Ausstattung des ICE 1 ist die Angebotspalette zwischen klassischem Abteil und Großräumen mit und ohne Tischen in beiden Klassen. In allen ICE 1 ist ein 2.-Klasse-Wagen 803 mit Konferenzraum, Dienstabteilen, Telefonzelle, Stellplätzen für Rollstühle und behindertengerechtem WC eingereiht. Daran schließt sich der auffällig höhere Servicewagen 804 mit Bistro und Restaurant an.

In den ICE 2 gibt es in beiden Klassen nur Großräume, lediglich ein Wagen hat ein spezielles Familienabteil mit Spielfläche sowie Stellflächen für Gepäck und Kinderwagen. Das „modulare Innenausbaukonzept" erlaubt flexibles Reagieren auf Kundenwünsche. So lassen sich Raumteiler, Garderoben und Bestuhlung rasch variieren. Die Servicebereiche sind nun in einem Wagen 807 mit dem Restaurant, der Küche, einem Bistro ausschließlich mit Stehplätzen, dem Zugbegleiterabteil sowie einem behindertengerechten WC und einem Wickeltisch zusammengefaßt.

Die Abmessungen des Steuerwagens entsprechen den Mittelwagen, die Form und die Front den Triebköpfen. An den Führerraum grenzt ein Geräteraum, daran schließt sich ein 2.-Klasse-Fahrgastraum an.

Betriebseinsatz

Die ICE-1-Garnituren sind beim ICE-Werk Hamburg-Eidelstedt stationiert und bedienen, mit zusätzlichen SBB-tauglichen Stromabnehmern ausgerüstet, die Linie 3 Hamburg – Basel (– Zürich) sowie die Linien 4 Hamburg/Bremen – München und 6 Berlin/Hamburg/Bremen – Frankfurt – Stuttgart. Seit Fahrplanwechsel Mai 1998 kommt der ICE 1 auch auf der Relation Hamburg – Wien und der innerösterreichischen Verbindung Wien – Innsbruck zum Einsatz.

Alle ICE-2-Garnituren sind derzeit dem Betriebshof München West zugeteilt. Da sich die Abnahme der Steuerwagen verzögerte, verkehrten bis zur Ablieferung ausreichender Steuerwagen je zwei Triebköpfe und zwölf Mittelwagen auf den heutigen ICE-Linien sowie zwischen Berlin und dem Rheinland. Mittlerweile bestreiten die 44 ICE 2-Halbzüge vor allem den über die Schnellbahn Berlin – Hannover führenden ICE-Verkehr zwischen Berlin und Köln/Bonn sowie Bremen.

Personenregister

Baier-Fuchs, Anfried – 31
Banse, Gerhard – 67
Birkl, Gottfried – 84
Böhme, Erich – 93
Christiansen, Sabine – 93
Dix, Karl-Heinz – 85
Drögemüller, Klaus – 38
Dürr, Heinz – 40, 55, 82
Föhr, Horst – 56, 115
Geißler-Schild, Christine – 33
Glatzel, Leo – 105
Grauf, Hans-Heinrich – 26, 37, 47, 48, 104, 105
Greiner, Ulrich – 44
Hafkemeyer, Jörg – 93, 94
Heinisch, Roland – 31, 37, 68, 97, 115
Herzog, Roman – 5, 116, 117
Hirschler, Horst – 40
Homeyer, Josef – 39
Kanther, Manfred – 17
Kohl, Helmut – 17, 22
Köpf, Robert Karl – 31
Krasney, Otto Ernst – 34
Kruckenberg, Franz – 9
Krupp, Alfred – 70
Ludewig, Johannes – 17, 18, 30, 31, 33, 35, 36, 37, 40, 41, 45, 46, 56, 57, 58, 68, 70, 82, 96, 97, 100, 101, 102, 114, 115
Manzella, Frederico N. – 49
Metz, Dieter – 67
Mößinger, Werner – 96, 97
Münchschwander, Peter – 22, 31, 42, 59, 68, 69, 102, 103, 115
Nawrocki, Axel – 69
Rathert, Klaus – 94
Roth, Wolfgang – 26
Rüdiger, Wolf – 93
Schäfer, Rudi – 93
Schmidt, Manfred – 42
Schröder, Gerhard – 27
Sichtermann, Barbara – 93
Sommer, Hartmut – 35
Strobach, Antje – 31
Stuchly, Horst – 37
Sumann, Jürgen – 31
Wenzlow, Frank – 28
Werner, Jörg – 43
Wissmann, Matthias – 9, 48
Wolf, Winfried – 86, 89
Wolters, Hermann – 80, 81
Wüstenberg, Hermann – 33

Ortsregister

Weitere im Buch erwähnte Eisenbahnunfälle

Ablaincourt-Pressoir (Frankreich), 21. Dezember 1993 – 50f.
Altenburg, Strecke Leipzig – Hof, 1954 – 75
Andernach, linke Rheinstrecke, 20. Februar 1988 – 71
Baden-Baden, Strecke Mannheim – Basel Bad Bf → Rastatt
Burgsinn, Neubaustrecke Fulda – Würzburg, 3. September 1986 – 64
Cölbe, Strecke Kassel – Gießen, 20. Januar 1995 – 59
Elsterwerda, Strecke Berlin – Dresden, 20. November 1997 – 46, 60/61, 63, 68
Frankfurt (Main) Süd, 18. Februar 1997 – 62, 68
Frankfurt (Main) Süd, 9. Mai 1996 – 62, 68
Garmisch-Partenkirchen, Strecke München – Mittenwald, 12. Dezember 1995 – 60
Genthin, Strecke Berlin – Magdeburg, 22. Dezember 1939 – 91
Groß Königsdorf, Strecke Köln – Aachen, 27. Mai 1983 – 85f.
Hanau, Strecke Frankfurt (Main) – Kassel, 25. März 1993 – 64
Hannover-Anderten, 9. Dezember 1997 → Misburg
Kleinfurra, Strecke Nordhausen – Erfurt, 5. Juni 1996 – 59
Klosterfelde, Strecke Berlin-Karow – Groß Schönebeck, 26. August 1997 – 58
Leißling, Strecke Halle (Saale) – Erfurt, 13. März 1986 – 75
Madrid-Atocha, 7. Mai 1992 – 49
Misburg, Strecke Hannover – Braunschweig, 9. Dezember 1997 – 46, 63, 68
München Isartorplatz, Tunnelstrecke S-Bahn München, 10. Mai 1996 – 61f.
Nassenheide, Strecke Berlin – Neustrelitz, Mai 1985 – 73
Neustadt, Strecke Kassel – Gießen, 5. Juli 1997 – 465, 63, 68
Northeim (Han), 1992 – 46
Olching, S-Bahn München, 11. Mai 1995 – 60f.
Piacenza, Strecke Milano – Roma (Italien), 12. Januar 1997 – 50
Rastatt, Strecke Mannheim – Basel Bad Bf, 23. Dezember 1996 – 64ff.
Rheinweiler, Strecke Basel Bad Bf – Karlsruhe, 21. Juli 1971 – 85, 100
Schneverdingen, Strecke Soltau (Han) – Buchholz (Nordheide), 15. Juni 1995 – 58f.
Schönebeck (Elbe), Strecke Halle (Saale) – Magdeburg, 1. Juni 1996 – 46, 62f., 68
Sondershausen, 5. Juni 1996 → Kleinfurra
Sorø, Strecke Kopenhagen – Korsør (Dänemark), 25. April 1988 – 72
Tauer, Strecke Cottbus – Frankfurt (Oder), 13. März 1989 – 73
Teichwolframsdorf, Strecke Werdau (Sachs) – Mehlteuer, 16. Oktober 1995 – 59
Timelkam, Strecke Salzburg – Linz (Österreich), 19. Oktober 1875 – 74
Voroin (Frankreich), 23. September 1988 – 50, 51
Zellkirch-Brombach, Strecke Eberbach – Hanau, 21. Juli 1995 – 59f.

Quellennachweis

Deinert, Werner: Eisenbahnwagen. Berlin 1985

Grauf, Hans-Heinrich, Lennartz, Franz: Das Selbstrettungskonzept für Neubaustrecken. In: Die Bundesbahn, Darmstadt 1988, Seiten 221-226

Grauf, Hans-Heinrich: Das Notbremskonzept für Neubaustrecken. In: Die Bundesbahn: 8/1988, Seiten 709-712

Jänsch, Eberhard: Hochgeschwindigkeitsverkehr in Europa wächst zügig. In: Eisenbahntechnische Rundschau, Darmstadt 1994, Seiten 269-278

Metz, Dieter, Grauf, Hans-Heinrich: Überlegungen zur Sicherheitsstrategie. In: Die Bundesbahn, Darmstadt 1987, Seiten 627-630

Murr, Eduard: Funktionale Weiterentwicklung der Linienzugbeeinflussung (LZB). In: Die Deutsche Bahn, Darmstadt 1992, Seiten 743-746

Ohme, Werner: Die Aufgaben des Wagenmeisters. Leipzig 1953

Preuß, Erich und Reiner: Lexikon Erfinder und Erfindungen Eisenbahn, Berlin und Heidelberg 1986

Ritzau, Hans-Joachim: Katastrophen der deutschen Bahnen, 1945-1992, Teil I. Pürgen 1992

Mehr oder weniger gut informiert, mitunter begeistert, mitunter entsetzt, las ich in folgenden Zeitungen und Zeitschriften: Abendzeitung München, Augsburger Allgemeine, BahnZeit, Berliner Zeitung, Bild, Bunte, Deine Bahn, Der Spiegel, Die Rheinpfalz, Die Woche, Die Zeit, eisenbahn magazin, Focus, Frankfurter Allgemeine Zeitung, Frankfurter Rundschau, Handelsblatt, Hellweger Anzeiger, Hessisch-Niedersächsische Allgemeine, junge Welt, Neues Deutschland, Norddeutsche Rundschau, Rhein-Zeitung, Saarbrücker Zeitung, Stuttgarter Zeitung, Süddeutsche Zeitung, Super Illu, Der Tagesspiegel, TZ München, Voraus, Die Welt, Westfälische Nachrichten, Wirtschaftswoche. Ich las die Nachrichten von dpa, ADN und AP und verfolgte die Sendungen von ARD, ZDF, n-tv und Sat 1.

Mitarbeiter der Deutschen Bahn und des Eisenbahn-Bundesamtes, die aus verständlichen Gründen namentlich nicht genannt werden können, machten mir interne Informationen zugänglich. Ihnen gilt mein Dank. E.P.

Bildnachweis

DPA – Titelfoto, 20/21, 24/25
Enno Friedrich – 2, 16, 17, 19, 22
Bernd Eisenschink – 10/11
Archiv GeraNova Verlag – 12, 13, 15, 48, 76, 79 oben, 80, 81, 105, 109, 110
Klaus Pöhler – 14/15
Jürgen Hörstel – 18, 43, 77, 82, 83, 104, 121
Christoph Müller – 23, 27 oben, 32 (beide), 36/37, 78 (beide),
Sven Klein – 27 unten
Gabriel Habermann – 28/29, 62
Dieter Höltge – 34
Erich Preuß – 39, 41, 58, 60, 75, 86, 88, 89, 90, 106
La Vie du rail – 51
Dr. Dieter Beckmann – 52
Frank Heilmann – 53
Slg. Alfred Gottwaldt – 70, 75 oben
Slg. Erich Preuß – 71, 72, 73 unten, 74, 87 beide, 91, 107, 108 unten
Michael Reimer – 73 oben
Uli Ruopp – 79 unten
Slg. Johannes Glöckner – S. 108 oben
Christian Fricke – 118
Michael Dostal – 119
Dr. Brian Rampp – 120
Martin Wehmeyer – 122
Oliver Austen – 123